# SYSTÈME TERRE

ICHTIAQUE RASOOL

# SYSTÈME TERRE

*Un exposé pour comprendre*
*Un essai pour réfléchir*



DOMINOS
Flammarion

**S. Ichtiaque Rasool**. Né en Inde, il a fait sa thèse de doctorat sur les études de l'ozone atmosphérique à Paris. Depuis 1960, il travaille à la NASA en poursuivant recherches et études sur les atmosphères des planètes, menant plus particulièrement des études comparatives sur les atmosphères de Mars, Vénus et la Terre. Entre 1970 et le début des années 80, il a participé à de grands programmes d'exploration du Système solaire. Depuis 1990, il travaille et vit à Paris, où il dirige un centre international de développement de données du programme *Global Change*.
Il a reçu la médaille de l'*Exceptional Scientific Achievement* de la NASA et est membre de l'Académie des sciences de New York.
Il est l'auteur de nombreuses publications scientifiques et de plusieurs livres sur des sujets aussi variés que la physique du Système solaire ou la chimie de la basse atmosphère terrestre. En France, son principal ouvrage destiné au grand public est *La Terre, une planète pas comme les autres*, écrit en collaboration avec Nicolas Skrotzky (Denoël, 1988).


ISBN : 2-08-035179-6
Imprimé en France

# Sommaire

p. 6 Avant-propos

*Un exposé pour comprendre*

11 Une planète nommée Terre

13 Les variations à l'échelle de l'espace et du temps

21 L'atmosphère

41 Le rôle des océans

47 Les nuages et les volcans

67 Le rôle de la végétation

*Un essai pour réfléchir*

79 Équilibre entre immobilisme et catastrophisme

81 Données et modèles

97 Adaptation et gestion de la planète

105 Quel partenariat entre les hommes et la planète

La première fois qu'apparaît un mot relevant d'un vocabulaire spécialisé, explicité dans le glossaire, il est suivi d'un *

# Avant-propos

En deux heures – le temps qu'il faut pour lire ce livre –, la Terre aura continué de changer : la population mondiale comptera environ vingt mille personnes de plus, près de deux mille hectares de forêt auront disparu, la consommation des combustibles par les automobiles et l'industrie aura ajouté à l'atmosphère cinq millions de tonnes de gaz carbonique.

Ces chiffres peuvent nous effrayer, mais ils représentent moins de 0,0001 % de la situation actuelle. N'oublions pas, cependant, que nous parlons ici d'une évolution qui n'a lieu que sur une période de deux heures. Si ces chiffres continuaient de croître dans les cinquante ou cent prochaines années, le problème atteindrait des dimensions bien plus sérieuses. La quantité de gaz carbonique présente dans l'atmosphère doublerait, l'étendue des forêts tropicales serait réduite de moitié par rapport au début de ce siècle, et la population mondiale avoisinerait les dix milliards. Selon certains, la probabilité de ces résultats serait non négligeable. Quel sera alors l'état de la planète ? Le gaz carbonique et les autres gaz répandus dans l'atmosphère provoqueront-ils une augmentation de la température sur Terre par effet de serre ? La destruction des forêts affectera-t-elle le climat tropical ? La productivité des océans et des terres pourra-t-elle suffire à répondre aux besoins de la population ? Enfin, les générations futures ne souffriront-elles pas d'une pénurie en eau potable ?

Ces questions sont actuellement soulevées par la communauté scientifique, sous l'égide d'un programme de recherche internationale sur l'environnement global. Plus de deux mille scientifiques, représentant près de soixante-cinq nations, y sont impliqués, et l'on peut d'ores et déjà noter un progrès sensible dans notre appréhension de ce système complexe. Pour comprendre ces interactions sur une échelle de temps de dix à cent ans, nous pouvons nous concentrer sur l'étude de l'hydrosphère et de la biosphère*, en faisant abstraction des phénomènes géologiques qui se déroulent, eux, sur une échelle de temps beaucoup plus longue, exception faite de l'activité volcanique. C'est le choix qui a été fait dans cet ouvrage.

Nous allons donc présenter les faits sur lesquels il existe un consensus dans la communauté scientifique pour ensuite nous intéresser aux incertitudes qui demeurent et qui nécessitent une recherche approfondie avant toute prédiction sérieuse.

L'explosion démographique est, sans doute, le changement le plus important subi par la planète au cours des derniers siècles, celui dont l'influence sur l'environnement global a été décisive. L'humanité est passée de moins de un milliard d'individus en 1750 à près de cinq milliards et demi en 1993. Durant ces quarante dernières années, l'augmentation de la population mondiale a été égale à celle de l'humanité depuis l'apparition de notre espèce jusqu'en 1950. La croissance démographique se poursuit au rythme de quatre-vingt-cinq millions de personnes par an, c'est-à-dire plus que les populations de France, de Belgique et de Suisse réunies.

Le bouleversement de la planète est la conséquence la plus importante de cette explosion démographique. En effet, la superficie des terres agricoles a augmenté de 450 % depuis trois cents ans, celle des forêts a diminué de 20 %, ce qui équivaut à environ huit millions de kilomètres carrés, soit presque deux fois l'Europe !

Le développement industriel affecte également l'environnement global de façon déterminante. Dans de nombreuses régions, les rivières, les lacs, le sol et les forêts portent des traces de dépôts acides provenant des fumées riches en oxydes de soufre et d'azote sur rejetées par les usines et les automobiles. Par une succession de réactions chimiques, ces oxydes sont convertis dans l'atmosphère en acide sulfurique et en acide nitrique qui retombent sur le sol sous forme de pluie, de neige ou de brouillard.

Certaines régions d'Amérique du Nord et d'Europe du Nord situées à plus de mille kilomètres du lieu d'émission de ces acides subissent l'effet de ces derniers.

Les combustibles fossiles (charbon, pétrole et gaz naturel) extraits des profondeurs de la Terre et brûlés, fournissant 88 % de l'énergie, ont augmenté de près de 20 % la concentration en gaz carbonique dans l'atmosphère depuis le début de l'ère industrielle.

Les chloro-fluoro-carbures (CFC*), inventés dans les années 30, ont été considérés à l'époque comme des gaz neutres, stables, non réactifs et furent utilisés pour remplacer l'ammoniac et les autres gaz réfrigérants dans les réfrigérateurs domestiques. Ils ont également été utilisés dans les bombes aérosols. Cinquante ans plus tard, il est apparu qu'ils constituaient une menace pour la couche d'ozone* située à vingt kilomètres d'altitude dans l'atmosphère. Or une diminution de la concentration de l'ozone laisserait passer les rayons ultraviolets* qui, à leur tour, pourraient constituer un danger pour la vie à la surface de la Terre.

En revanche, on a constaté que de l'ozone est produit à proximité du sol par les feux de brousse et de forêt. De même, dans certaines régions, à Los Angeles par exemple, l'ozone augmente parfois dans l'air d'une manière significative par réaction photochimique* entre les molécules organiques complexes produites par la consommation des combustibles fossiles (hydrocarbures) et l'oxyde d'azote. Ces activités augmentant à l'échelle de la planète, la quantité d'ozone troposphérique* croît également en divers endroits dans les deux hémisphères.

Il est donc intéressant de remarquer que certains produits de l'activité humaine tels que les CFC causent la diminution de l'ozone dans la haute atmosphère, alors que d'autres activités en produisent à proximité du sol. Mais les quantités produites et les quantités détruites ne sont pas comparables. La destruction d'ozone atmosphérique observée au-dessus de l'Antarctique d'une année à l'autre est cinquante fois plus grande que l'augmentation annuelle observée au sol ces derniers temps.

Considérons aussi le méthane, gaz que rejettent les organismes vivants. Il se manifeste grâce à l'activité des bactéries dans les zones marécageuses et dans les rizières ; il est également produit par la combustion de la biomasse* et par la digestion des animaux et des insectes. L'effet de serre qu'il cause est environ vingt fois plus rapide et efficace que celui produit par le gaz carbonique. Sa concentration dans l'atmosphère, actuellement cent cinquante fois moins importante que celle du gaz carbonique, ne cesse de s'accroître : elle est aujourd'hui deux fois plus importante qu'elle ne l'était il y a trois cents ans.

**Forêt tropicale pluvieuse.**
*La forêt joue un rôle prédominant dans les échanges, entre le sol et l'atmosphère, de l'eau et des gaz à effet de serre. La connaissance précise des taux de déforestation et de reforestation sont des données importantes pour comprendre le système Terre.*
© Dimijian/PHR/Jacana

# Une planète nommée Terre

# Les variations à l'échelle de l'espace et du temps

Le « système Terre » est en perpétuel mouvement. L'atmosphère, les océans et les terres émergées interagissent, selon plusieurs échelles de temps et d'espace, engendrant les variations du climat, les saisons, la diversité de la végétation, les calottes glaciaires et la dérive des icebergs, les courants océaniques chauds et froids, la dérive des continents, le cycle des périodes glaciaires*. Prévoir tous ces événements exige de comprendre le système Terre.

Au cours des dernières décennies, la recherche dans le domaine des systèmes couplés – c'est-à-dire les modélisations des interactions entre l'atmosphère, l'océan et la surface continentale – a évolué à un rythme de plus en plus rapide. La maîtrise des techniques informatiques les plus sophistiquées nous permet une modélisation numérique de phénomènes complexes ; le carottage des glaces en Antarctique et au Groenland et le forage des fonds océaniques nous renseignent sur l'état du climat passé ; enfin, le développement à l'échelle mondiale de réseaux d'observation terrestre depuis l'espace constitue un atout considérable pour la recherche en ces domaines. La connaissance actuelle des prévisions climatiques et de tout ce qui concerne le système terrestre était inimaginable il y a à peine vingt ans ! Mais beaucoup reste à faire.

Le fonctionnement du système Terre varie dans le temps et l'espace : certains processus durent quelques secondes, d'autres des milliards d'années. Certains ont lieu en un point déterminé, d'autres affectent l'ensemble de la planète. Une turbulence atmosphérique, par exemple, est un phénomène local qui survient très rapidement et dure de quelques secondes à quelques minutes ; en revanche, les systèmes climatiques, qui trouvent souvent leur énergie dans des phénomènes locaux, traversent la planète en plusieurs semaines. Les tremblements de terre se produisent instantanément, mais tirent leur énergie du lent mouvement des plaques terrestres ; celles-ci se déplacent de quelques centimètres par an dans différentes directions en se déformant à leur bordure. L'accumulation d'énergie provoquée par cette déformation déclenche des tremblements de terre et éruptions volcaniques. Un dernier exemple est celui des lents changements que subit le sol et qui peuvent provoquer la modification de la végétation d'une région et même influer sur son microclimat. L'étude de ces processus et de leurs interactions, qui met en jeu à la fois la physique, la chimie et la biologie, est ce que l'on appelle la science du système Terre.

La théorie de la dérive des continents, mise en évidence grâce à des mesures précises effectuées durant plusieurs décennies le long des bordures continentales, sur les dorsales océaniques*, sur les cratères des volcans et dans les zones de failles, nous explique comment la planète se transforme en permanence. La Terre est un système très dynamique : des matières remontent continuellement de l'intérieur de la planète vers les dorsales océaniques, à la jointure des deux plaques qui se trouvent ainsi éloignées l'une de l'autre, transportant les continents, élargissant et rétrécissant les océans, formant les montagnes. Ces mouvements sont très lents, mais ils se manifestent souvent d'une manière catastrophique, lors des tremblements de terre ou des éruptions volcaniques par exemple. La surveillance des mouvements et des déformations de la croûte terrestre en bordure des plaques nous aidera à prédire les éruptions et les séismes avec quelque exactitude.

Une autre théorie, semblable, pourrait un jour être élaborée pour expliquer le mouvement des fluides qui constituent une importante partie de la planète ; l'atmosphère, les océans et les glaces forment en effet un système dont le climat de notre planète est tributaire.

Le Soleil est la principale source d'énergie qui agit sur le changement de temps et le climat, mais les océans et l'atmosphère jouent aussi leur rôle. Leur évolution, parfois très ordonnée, parfois chaotique, a une incidence sur l'évaporation, l'humidité, la couverture nuageuse et les pluies, jour après jour, mois après mois, saison après saison, année après année. A propos de l'évaporation, notons qu'elle peut provenir directement des océans, mais aussi de la transpiration végétale.

Prenons quelques exemples : le climat est plus tempéré en Europe occidentale qu'en Amérique du Nord aux mêmes latitudes car le Gulf Stream transporte l'eau chaude de l'Atlantique depuis l'équateur jusqu'aux côtes occidentales de Grande-Bretagne et de France. Les pluies d'été, les moussons, indispensables en Inde et au Sahel, se déclenchent chaque année à peu près à la même période. Elles sont dues à la différence entre les températures océaniques et continentales dans ces régions, cette différence atteignant son seuil critique la même semaine chaque année, ou presque. En revanche, chaque année, l'intensité de la mousson à l'intérieur des continents dépend de plusieurs autres paramètres, tels les divers appels d'air ou d'énergie qui, en provenance des régions voisines, peuvent l'affaiblir ; cependant, d'autres facteurs, tels que la concentration d'humidité au sol, peuvent ravitailler la mousson, lui permettant de s'avancer vers l'intérieur des terres.

D'une année sur l'autre, l'énergie solaire reste constante, à 0,1 % près. Sa diffusion autour du globe est cependant modifiée par les vents, les nuages, la poussière atmosphérique, le type de couverture végétale et l'intensité variable des courants océaniques. Parfois des événements climatiques libèrent une telle quantité d'énergie dans l'atmosphère qu'ils bouleversent le climat à l'échelle mondiale. Ainsi, le phénomène que l'on appelle El Niño, réchauffement de la région centrale de l'océan Pacifique dont les températures augmentent de trois à quatre degrés au-dessus de la normale tous les cinq ou dix ans, provoque des inondations, des vagues de chaleur et de sécheresse sur diverses parties du globe, depuis les Amériques jusqu'en Afrique, et même en Inde et en Australie. De tels événements ont eu lieu en 1982-1983, en 1987-1988, en 1991-1992 et au début de 1993.

La distribution de la lumière solaire sur la surface du globe varie aussi pour d'autres raisons astronomiques. Notre planète est affectée par son orbite de trois façons, selon des périodes distinctes : l'orbite de la Terre devient presque circulaire puis reprend une forme elliptique tous les cent mille ans ; son axe de rotation est aujourd'hui incliné à 23,3 ° par rapport à la verticale du plan de son orbite et cette inclinaison varie de deux degrés tous les quarante mille ans, tout en se maintenant entre 22,2 ° et 24,3 ° ; aussi l'axe de rotation de la Terre oscille-t-il tous les vingt mille ans environ. Lorsque ces trois effets sont combinés, ils conduisent à une diminution périodique de la lumière solaire qui parvient sur Terre en été. Par conséquent, le climat se refroidit, la glace s'accumule par couches de deux à trois kilomètres et, comme de grandes quantités d'eau sont alors transférées des océans vers les calottes polaires*, le niveau des mers diminue de plus de cent mètres. En revanche, quand les étés sont plus ensoleillés, le climat est plus chaud, la glace fond et le niveau des mers s'élève. La période dite « glaciaire » dure environ cent mille ans, tandis que les périodes interglaciaires ou chaudes varient entre quinze mille et vingt-cinq mille ans. Actuellement, nous traversons une période interglaciaire* qui a commencé il y a environ dix mille ans et qui a atteint sa phase la plus chaude, ou phase « optimale », il y a près de six mille ans. Notons que la température moyenne globale, entre périodes glaciaires et interglaciaires, ne varie que de 6 ou 7 °C, malgré des différences qui peuvent atteindre 20 ou 30 °C, dans les régions polaires.

Nous vivons aujourd'hui la phase décroissante des courbes de température et, sauf modification importante du climat, la prochaine période glaciaire devrait s'installer dans dix mille ou quinze mille ans. Quelles activités humaines pourraient provoquer une telle « modification » ? Aujourd'hui, les conditions sur la surface de la planète sont très différentes de ce qu'elles étaient pendant la dernière période interglaciaire, il y a cent quarante mille ans. En 1993, la population humaine est proche des cinq milliards et demi, alors qu'à cette époque elle ne devait probablement pas excéder quelques millions. L'agriculture a transformé 20 % de la surface terrestre, il y a deux fois plus de méthane dans l'atmosphère, beaucoup plus de particules de soufre et de sulfates, le gaz carbonique s'accumule très rapidement en raison de l'utilisation des combustibles fossiles ; l'exploitation de cette source d'énergie devrait encore doubler au cours des cinquante à cent années à venir. Viennent enfin s'ajouter les molécules fabriquées industriellement, comme les CFC, les sulfates et l'oxyde d'azote.

Vu l'état actuel de la planète et les nombreuses incertitudes qui pèsent sur son avenir – en raison surtout de la croissance galopante de la démographie –, la prévision du climat est devenue extrêmement complexe.

Lorsque les phénomènes se produisent par cycles (cycles du jour et de la nuit ou cycles des saisons), les prévisions scientifiques sont assez simples. Mais dès qu'une perturbation importante apparaît dans un système périodique, elles deviennent difficiles. Or, telle est la situation actuelle. Nous allons voir comment des changements atmosphériques, apparemment dérisoires, peuvent avoir des conséquences importantes sur le système dans son intégralité.

# L'atmosphère

Notre atmosphère terrestre a été au départ composée de gaz ayant pour origine les volcans, les geysers* et les sources thermales. Les rejets des volcans sont redistribués sur la planète selon les trois états de la matière : gaz, éléments liquides et éléments solides. La lave chaude se solidifie, la vapeur se condense en eau, ce qui contribue à constituer les océans, et quelques gaz, comme le gaz carbonique, l'azote et les composés du soufre, restent dans l'atmosphère ou entrent en interaction avec les océans ou avec la surface terrestre ; ainsi le gaz carbonique peut-il se dissoudre dans les océans ou être absorbé par les plantes qui, en retour, libèrent de l'oxygène dans l'atmosphère.

La présence de la biosphère affecte considérablement la composition de l'atmosphère – celle-ci étant très différente de ce qu'elle fut il y a trois milliards d'années, lorsque la vie n'existait pas encore. Aujourd'hui, tous les composants de l'atmosphère participent, avec les océans et la surface terrestre, à des cycles dans lesquels interviennent des processus physiques, chimiques et biologiques.

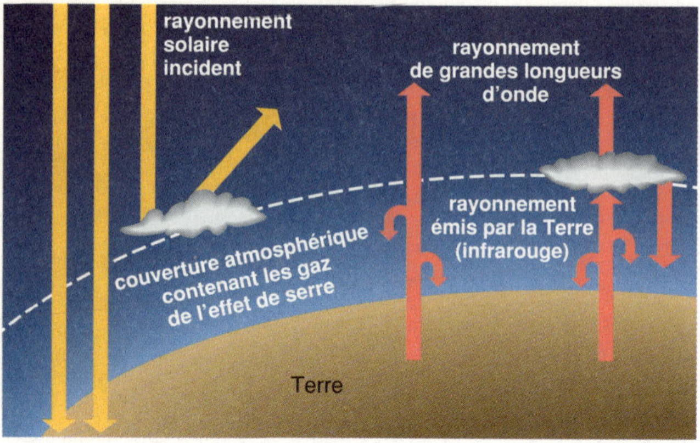


Source : NASA.

**Le principe de l'effet de serre.**
*La partie de la lumière solaire qui n'est pas réfléchie vers l'espace par les nuages réchauffe la surface terrestre. Lorsqu'elle atteint une certaine température, la surface émet des rayonnements infrarouges rapidement absorbés par les nuages et par les gaz tels que le gaz carbonique, le méthane, l'ozone, etc. qui se trouvent dans l'atmosphère. A leur tour, ceux-ci renvoient cette énergie vers le sol, élevant ainsi la température de 35 °C supplémentaires, amenant la température moyenne de notre planète à 15 °C.*

Certains processus sont rapides, comme la respiration et la photosynthèse*, qui chaque jour permettent le recyclage de près de cinq cents millions de tonnes d'oxygène et de gaz carbonique par les plantes et les animaux. D'autres sont plus lents : il faut dix millions d'années à l'azote atmosphérique pour circuler dans la totalité du système terre-océan. Ce gaz, bien que plus inerte que l'oxygène, les oxydes de carbone ou les hydrocarbures, joue un rôle non négligeable dans les processus biologiques en intervenant sous la forme de nitrates ou d'oxydes d'azote.

Chacun des gaz de l'atmosphère est vital pour notre survie, soit d'une manière directe, soit dans la mesure où il a un impact sur l'effet de serre et sur les cycles climatiques qui affectent le système Terre.

## L'effet de serre et les planètes

Il existe un effet de serre sur toutes les planètes du Système solaire qui contiennent une atmosphère importante dans laquelle on trouve des molécules «polyatomiques», c'est-à-dire du type méthane ($CH_4$), gaz carbonique ($CO_2$) oxydes d'azote ($NO_2$, NO, $N_2O$), ammoniac ($NH_3$), vapeur d'eau ($H_2O$) (voir le tableau ci-dessous).

| Élément | Formule | Pourcentage par volume d'air |
|---|---|---|
| Azote | $N_2$ | 78,08 |
| Oxygène | $O_2$ | 20,95 |
| Argon | Ar | 0,93 |
| Gaz carbonique | $CO_2$ | 0,03 |
| Autres gaz (méthane, hydrogène, monoxyde de carbone, ammoniac, ozone, dioxyde de soufre, oxydes d'azote) | | $< 0{,}01$ |

**Composition de l'atmosphère terrestre hors vapeur d'eau.**

Aujourd'hui, la température moyenne à la surface du globe, dans les deux hémisphères, calculée aussi bien de jour que de nuit, en été comme en hiver, sur les terres immergées et sur les terres émergées, est de 14,6 °C. Pendant la période glaciaire, alors que la moitié de l'hémisphère Nord était recouverte de glace, la température globale moyenne était comprise entre 5 et 7 °C, seulement 8 °C de moins que de nos jours. En effet, les régions équatoriales étaient peut-être aussi chaudes qu'elles le sont actuellement (28-30 °C), mais les régions polaires étaient beaucoup plus froides et, par conséquent, la moyenne des températures hautes et des températures basses ne semble pas avoir subi un grand changement.

Cependant, si l'atmosphère terrestre n'était composée que d'azote, d'oxygène et d'argon – ce qui correspond à 99 % de sa composition –, et si le 1 % restant n'existait pas, la température terrestre serait de – 20 °C. Il n'y aurait donc pas d'eau à l'état liquide, pas de végétation ni de vie. Or l'atmosphère terrestre contient d'infimes quantités de quelques autres gaz, en moyenne : presque 1 % de vapeur d'eau, 0,03 % de gaz carbonique, 0,0001 % de méthane et des quantités infimes d'ozone, d'oxyde d'azote et autres (voir le tableau p. 23). Ces gaz produisent l'effet de serre, et grâce à eux la vie est possible sur notre planète. Comment cela fonctionne-t-il ?

Les radiations solaires atteignent la Terre avec une puissance de 1 360 watts par mètre carré ($W/m^2$). Cependant environ 30 % de cette énergie est directement réfléchie dans l'espace par les nuages et les poussières présents dans l'atmosphère. Par conséquent, 70 % seulement de l'énergie solaire pénètre dans l'atmosphère et atteint la surface terrestre. Cette énergie suffirait pour amener la température de la Terre jusqu'à – 20 °C seulement. Or la température moyenne de la surface terrestre est de 15 °C ! En effet, à – 20 °C la surface terrestre produit un rayonnement se situant dans les bandes infrarouges du spectre électromagnétique. Et, comme l'atmosphère terrestre contient de petites quantités de vapeur d'eau, de gaz carbonique, de méthane ($CH_4$) et d'ozone ($O_3$), ces gaz ayant la propriété d'absorber les rayons infrarouges*, seuls 10 % des infrarouges issus de la surface terrestre traversent l'atmosphère. Ayant absorbé presque toutes les radiations émises par le sol, l'atmosphère rayonne à son tour, envoyant ces radiations dans toutes les directions, en partie vers la surface terrestre, en partie vers l'espace. Les radiations dirigées vers la Terre font croître la température au sol d'environ 35 °C, la faisant passer de – 20 °C à + 15 °C. Ce phénomène est appelé « effet de serre », expression qui renvoie aux serres végétales dans lesquelles le verre agit effectivement comme l'atmosphère, en étant transparent aux radiations solaires et opaque aux radiations en provenance de l'intérieur de la serre.

On voit ainsi comment la présence de quantités relativement faibles de vapeur d'eau, de gaz carbonique, de méthane et d'ozone permet d'augmenter la température de la Terre jusqu'à 15 °C au-dessus de 0 °C, seuil où la glace devient eau, ce qui explique l'existence d'océans sur la Terre.

Sur Mars, l'atmosphère n'est composée que de gaz carbonique, mais la quantité totale de l'atmosphère y est si faible (cent fois moins que sur Terre) que l'effet de serre n'est que de 5 °C. La température moyenne à la surface de cette planète est donc froide, – 40 °C, ce qui explique probablement en grande partie l'absence de vie. Cependant, l'exploration spatiale de Mars par Viking et d'autres vaisseaux a mis en évidence des « vallées » qui auraient pu être formées par un élément liquide. Était-ce de l'eau ? Il est possible que, dans l'histoire de Mars, l'effet de serre ait été plus efficace dans le passé qu'il ne l'est actuellement. Dans ce cas, il aurait sans doute été provoqué par l'évaporation du gaz carbonique et de l'eau, qui sont désormais gelés. Il faudra attendre les résultats des prochaines études effectuées par les stations orbitales et les véhicules qui s'y poseront afin d'élucider ce problème si important pour les recherches concernant l'origine de la vie sur les planètes.

L'effet de serre a une grande incidence sur Vénus, comme le montre le tableau page suivante. Il a fait augmenter la température moyenne de la planète à 460 °C. Ce phénomène est facilement explicable : l'atmosphère de Vénus, qui est, comme celle de Mars, presque exclusivement constituée de gaz carbonique, est en outre cent fois plus dense que l'atmosphère terrestre (ou dix mille fois plus dense que celle de Mars). En effet, la quantité totale de carbone présente sur Vénus l'est sous forme de gaz carbonique et se trouve donc dans l'atmosphère. Une quantité analogue de carbone est présente sur Terre, mais sous forme de carbonates ou de calcaire. L'atmosphère terrestre ressemblerait à celle de Vénus si, soudainement, tout le carbone contenu dans le calcaire était rejeté dans l'atmosphère sous forme de gaz carbonique – ce qui, en l'état actuel de nos climats, est impossible. Mais l'exemple de Vénus illustre bien les conséquences de l'accumulation de quantités importantes de gaz carbonique dans l'atmosphère.

| | Vénus | Terre | Mars |
|---|---|---|---|
| Température de surface approximative en l'absence de gaz à effet de serre | – 20 °C | – 20 °C | – 60 °C |
| Température de surface réelle | 460 °C | 15 °C | – 55 °C |
| Réchauffement dû à l'effet de serre | 480 °C | 35 °C | 5 °C |

**Comparaison des réchauffements par effet de serre de la Terre, Vénus et Mars.**

La Terre est la seule planète du Système solaire où l'eau existe à l'état liquide. Plusieurs raisons, liées d'une part à la position de la Terre dans le Système solaire, d'autre part à l'effet de serre, expliquent ce phénomène unique.

Premièrement, la température moyenne de la surface terrestre n'étant que de 15 °C, l'eau reste principalement sous forme liquide, seule une faible quantité d'eau se trouvant dans l'atmosphère sous la forme de vapeur d'eau.

Deuxièmement, pour être dissociée en hydrogène et en oxygène par les rayons solaires ultraviolets, cette eau devrait s'élever jusqu'à la couche supérieure de l'atmosphère (à environ quatre-vingts kilomètres d'altitude) afin d'être exposée aux radiations ultraviolettes qui n'atteignent pas le sol, car les molécules d'oxygène et d'ozone les absorbent dans la haute atmosphère. En fait, à mesure que la vapeur d'eau s'élève, elle se condense à 99,9 % et forme des nuages jusqu'à quinze kilomètres d'altitude. Le 0,1 % restant s'échappe vers la stratosphère*. La quasi-totalité de l'eau retombe sur terre sous forme de pluie. La température de l'atmosphère terrestre diminue beaucoup avec l'altitude : à quinze kilomètres (niveau appelé tropopause), elle atteint un minimum de – 60 °C. Or, plus l'air est froid, moins il peut contenir de vapeur d'eau. Toute quantité excessive se condense donc immédiatement en gouttes d'eau ou en cristaux de glace. C'est en raison de ce « piège froid » que seule une quantité infime de vapeur d'eau monte jusqu'à la haute atmosphère où elle est susceptible d'être dissociée en hydrogène et en oxygène, permettant ainsi à l'hydrogène de s'échapper de la planète (l'oxygène étant lui-même trop lourd pour se soustraire à l'attraction terrestre).

Le troisième facteur limitant la perte de l'eau est l'oxygène libre, présent en abondance dans l'atmosphère. Ce gaz absorbe les rayons ultraviolets, les empêchant de pénétrer dans la basse atmosphère et jusqu'à la surface terrestre. De plus, la présence d'oxygène libre dans l'atmosphère permet la formation d'une autre molécule, l'ozone, encore plus efficace pour absorber les rayons ultraviolets. Aujourd'hui, moins de 1 % de ces rayons atteint la surface terrestre, alors que plus de 90 % est retenu à environ cinquante kilomètres d'altitude. Sans cette combinaison d'oxygène et d'ozone, le piège froid ne serait pas efficace, car les rayons ultraviolets pourraient dissocier les molécules d'eau en hydrogène et en oxygène à de faibles altitudes.

Aucun de ces phénomènes n'existe sur Vénus. Certains chercheurs pensent qu'il n'y a jamais eu d'eau sur cette planète. Cependant une autre théorie semble actuellement être la plus vraisemblable. La température de Vénus est tellement élevée en surface que, si une quantité d'eau équivalente à nos océans avait existé, elle aurait été entièrement transformée en vapeur et se trouverait dans l'atmosphère. Or les observations montrent que la quantité de vapeur d'eau dans l'atmosphère de Vénus est minime. De plus, le piège froid de Vénus n'est pas aussi efficace que celui de la Terre : la température de la basse stratosphère vénusienne, mesurée par les vaisseaux spatiaux, est plus élevée que sur Terre, de l'ordre de – 40 °C, ce qui permettrait à une quantité de vapeur d'eau cinq cents fois plus importante que sur Terre de s'échapper vers la haute atmosphère. En fait, sur Vénus, la couche protectrice d'oxygène et d'ozone n'existe pas. Dans ces conditions, le taux de dissociation de l'eau et la fuite de l'hydrogène vers l'espace qui s'ensuivrait sont si importants que Vénus pourrait perdre environ un million de tonnes d'eau par jour. Ce serait suffisant pour

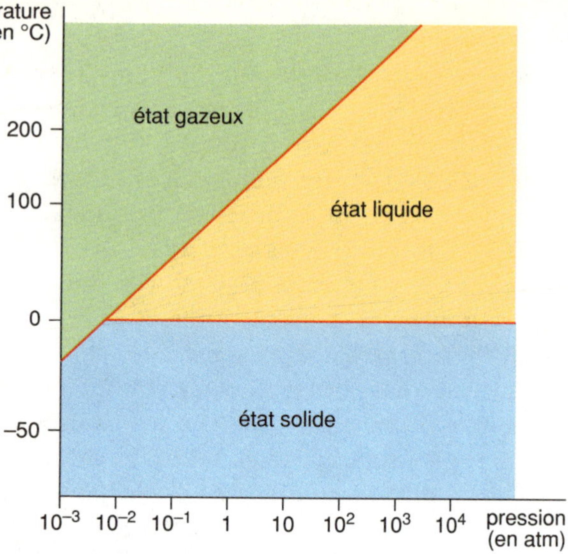


**L'eau dans tous ses états.** *L'eau peut être à l'état solide, liquide ou gazeux selon la température et la pression ambiantes. Si une planète accumule dans son atmosphère des gaz à effet de serre tels que la vapeur d'eau, et si la température initiale sur cette planète est supérieure à 0 °C, il y aura alors de grandes chances pour que cette eau reste à l'état gazeux et ne se condense jamais au sol. C'est probablement ce qui s'est produit sur Vénus.*

que Vénus perde toute son eau intérieure par des sources telles que les volcans.

Durant quatre milliards et demi d'années, de l'eau en provenance de l'intérieur de la Terre s'est ainsi accumulée sur la surface de notre globe en quantité suffisante pour former les océans. Sur Vénus, au lieu de s'accumuler, l'eau évaporée aurait été dissociée, l'hydrogène se perdant dans l'espace et l'oxygène étant absorbé par la surface de la planète. La faible quantité de vapeur d'eau actuellement observée dans l'atmosphère vénusienne (0,1 %) serait ainsi une quantité résiduelle transitant encore entre le sol et les limites de l'atmosphère.

La rareté de l'eau et de l'oxygène et l'abondance du gaz carbonique dans l'atmosphère de Vénus pourraient donc résulter du fait que, au moment de leur formation, la température de Vénus était plus élevée que celle de la Terre. Cela est certainement dû à la proximité du Soleil, plus proche de cette planète que de la Terre. Cette proximité aurait amené la température jusqu'à 40 °C par rapport à celle de la Terre qui serait de – 5 °C. Le schéma qui suit démontre que si une planète, avant la formation de son atmosphère, a une température supérieure à 0 °C, la formation et l'accumulation des gaz dans l'atmosphère peut, par effet de serre, augmenter cette température à un rythme tel que l'eau projetée par les volcans ne pourra jamais se condenser en élément liquide. Alors, l'accumulation d'eau et de gaz carbonique continue, et la planète devient de plus en plus chaude. Ainsi une petite différence de température au moment de la formation de deux planètes peut-elle suffire pour qu'elles évoluent de façons totalement différentes. L'une se développe et devient le berceau de la vie, l'autre reste stérile !

## Le cycle de l'oxygène

Sur le plan chimique, la surface de la Terre dans son ensemble peut être considérée comme un « réducteur »

– en effet, elle contient encore beaucoup de substances chimiques non complètement oxydées ; la présence d'oxygène libre, qui constitue presque 20 % de l'atmosphère, devrait donc être tenue pour une « anomalie ». Or la présence de cet oxygène dans notre atmosphère s'explique grâce à la photosynthèse, apparue il y a environ deux milliards d'années.

Auparavant, il semble que l'atmosphère terrestre ait été composée uniquement d'azote, d'une petite quantité de gaz carbonique, d'un peu de vapeur d'eau et d'hydrogène. La photosynthèse, constituant une importante source d'oxygène, a permis son accumulation dans l'atmosphère. Plusieurs centaines de millions d'années après son apparition, les organismes qui vivaient à la surface de l'eau se sont adaptés à la présence d'oxygène. Ils ont développé la respiration aérobie, qui à son tour a entraîné une prolifération explosive des espèces. Mais, entre-temps, une immense quantité d'oxygène s'est accumulée dans l'atmosphère. L'oxygène recyclé chaque année par la respiration et la photosynthèse n'en constitue qu'une fraction infime. Les deux flux, fabrication et consommation d'oxygène, s'équilibrent. Que se produirait-il si la photosynthèse devait s'arrêter, c'est-à-dire si toutes les plantes vertes disparaissaient ? La photosynthèse n'ajouterait plus d'oxygène à l'atmosphère, ni de carbone au sol. La respiration et le pourrissement continueraient cependant à consommer ces éléments, si bien que les quantités respectives d'oxygène dans l'atmosphère et de carbone organique en surface diminueraient. En une vingtaine d'années, le carbone en surface serait complètement consommé ; dans le même temps, la quantité d'oxygène dans l'atmosphère aurait diminué de 1 % à peine. Le gaz carbonique atmosphérique, lui, commencerait par augmenter ; une centaine d'années plus tard, ses quantités excédentaires seraient en grande partie absorbées dans les profondeurs des océans.

Quel serait, à long terme, le sort de l'oxygène actuellement présent sur la planète, en l'absence de photosynthèse et de respiration ? Il diminuerait grâce aux réactions chimiques avec les éléments qui se trouvent à la surface terrestre, tels que les métaux, mais de façon très lente. Il faudrait environ quatre millions d'années pour que tout cet oxygène soit épuisé.

En conclusion, nous n'avons pas à craindre, dans un futur proche, un manque d'oxygène à l'échelle globale, résultant d'un arrêt hypothétique de la photosynthèse dû, par exemple, à une déforestation intensive. Une telle déforestation pourrait cependant entraîner une augmentation notable du gaz carbonique.

## Le cycle du carbone

Le gaz carbonique ne représente que 0,03 % de l'atmosphère terrestre et le méthane s'y trouve en quantité deux cents fois moindre. Ces deux gaz contiennent du carbone et jouent un rôle essentiel dans la régulation non seulement de la température et du climat, mais aussi de la vie sur Terre. Soulignons également que, en dehors de l'eau qui les constitue aux deux tiers, environ 45 à 50 % de la masse restante des végétaux et des animaux est composée de carbone.

Plusieurs lois fondamentales de la chimie, de la physique et de la géologie gouvernent le destin du carbone dans l'atmosphère, sur terre et dans les océans, et déterminent son impact sur le climat à la surface de la planète.

La réaction de la photosynthèse est le processus le plus important dans le recyclage du carbone entre l'atmosphère et la biosphère. Elle est causée par l'énergie solaire contenue dans la partie visible du spectre lumineux* et décrite par l'équation suivante (le +E qui figure au-dessus de la flèche signifie que la réaction, pour se produire, nécessite un apport d'énergie) :

$$6CO_2 + 6H_2O \xrightarrow{+E} C_6H_{12}O_6 + 6O_2$$

Cette équation signifie que six molécules de gaz carbonique combinées avec six molécules d'eau produisent une molécule de matière organique (glucides) et six molécules d'oxygène libre. Les plantes et les algues procèdent à cette transformation où les glucides sont produits, retenant une partie de l'énergie solaire et formant les constituants de base d'autres molécules organiques complexes, telles que les protéines et la cellulose. Quand les animaux consomment leur stock de glucides et de protéines végétales, et lorsqu'ils respirent, ils produisent la réaction inverse de la précédente : six molécules d'oxygène se combinent à la matière organique et produisent de l'eau et du gaz carbonique. Ainsi, l'énergie captée par les plantes lors de la photosynthèse est, dans une seconde étape, absorbée par les humains et les animaux et utilisée pour leur développement et leur survie. La respiration sur terre et dans les océans provoque le rejet dans l'atmosphère d'environ deux cents milliards de tonnes de carbone chaque année. Ce carbone est à nouveau fixé par la végétation ou absorbé par les couches superficielles des océans. Le cycle du carbone renouvelle le gaz carbonique dans l'atmosphère par périodes assez brèves. Par exemple, le gaz carbonique que nous expirons dans l'atmosphère sera probablement fixé sur terre ou dans les océans en moins de deux ou trois ans.

La même réaction d'oxydation – inverse de la photosynthèse – a lieu lors des incendies de forêts, de la combustion de charbon ou d'essence, et plus généralement chaque fois que brûle de la matière organique. Ce processus d'oxydation est néanmoins sensiblement plus rapide que la respiration. Le gaz carbonique ainsi créé suit le même cycle qui vient d'être décrit. En effet, n'oublions pas que ces combustibles doivent leur origine aux grandes quantités de carbone enfouies dans les profondeurs de la Terre grâce à la sédimentation, la dérive des continents, les variations de climat, etc., sur des périodes de plusieurs millions d'années. Aujourd'hui, nous extrayons ces matières beaucoup plus rapidement qu'elles n'ont été déposées et en brûlons près de six milliards de tonnes par an, ce qui provoque une augmentation très nette de la quantité de gaz carbonique présente dans l'atmosphère et sur la planète.

A long terme, sur un cycle de plusieurs millions d'années, le carbone dissous dans les océans (sous la forme d'acide carbonique $H_2CO_3$) s'enfonce lentement dans l'eau et entre en réaction avec les roches contenant du silicate, ce qui se traduit chimiquement par l'équation suivante :

$$CaSiO_3 + H_2CO_3 \longrightarrow CaCO_3 + SiO_2 \ (+ H_2O).$$

Cela signifie que le silicate de calcium (ou de magnésium) associé à l'acide carbonique donne du carbonate de calcium (du calcaire), de l'eau et de l'oxyde de silice.

Le gaz carbonique transformé en calcaire et, de ce fait, prisonnier des sédiments, sera finalement rejeté dans l'atmosphère par les activités volcaniques selon la réaction inverse de la précédente qui ne peut se produire qu'à haute température

$$(CaCO_3 + SiO_2 \longrightarrow CaSiO_3 + CO_2).$$

Le carbone possède un deuxième cycle long : du carbone organique est enterré dans le sol et dans la croûte terrestre sous la forme de troncs d'arbres, de feuilles mortes et de bactéries qui finissent par se transformer en réserves de charbon, de pétrole et de gaz. Jusqu'à l'époque industrielle, l'accumulation de carbone organique dans les couches profondes de la croûte terrestre représentait une « perte » nette de carbone de quelques millions de tonnes par an. Ces réserves, accumulées pendant des millions d'années, atteignent plus de cinq mille milliards de tonnes de carbone. Une prédiction optimiste permettrait d'affirmer que, étant donné les réserves actuelles, nous avons encore des ressources énergétiques pour les mille années à venir. Le plus grave problème potentiel ne serait donc pas leur épuisement, mais plutôt la capacité du gaz carbonique et du méthane à déterminer notre climat, phénomène parfaitement illustré par l'équation suivante :

$$T_s = F\,(CO_2, CH_4, H_2O, O_3, \ldots) \text{ dans l'atmosphère.}$$

Cette équation signifie que la température moyenne à la surface de la Terre, notée Ts, est fonction de la quantité de gaz carbonique, de méthane, de vapeur d'eau, d'ozone et d'autres gaz mineurs à effet de serre dans l'atmosphère. La vapeur d'eau est le gaz qui a le plus d'incidence sur l'effet de serre, dont elle est responsable pour une part d'environ 60 %. Cette action de la vapeur d'eau, du gaz carbonique et du méthane, combinés avec d'autres gaz tels que le protoxyde d'azote ($N_2O$), est responsable de l'effet de serre total sur la planète, mentionné lors de la comparaison entre la Terre et Vénus.

Il est difficile de déterminer précisément la proportion de l'effet de serre produite par chaque gaz, car leurs quantités respectives varient selon la température, qui elle-même dépend de la concentration des gaz. L'exemple de la vapeur d'eau est à cet égard révélateur.

Si la quantité de gaz carbonique dans l'atmosphère doublait, l'effet de serre résultant de cette augmentation serait de l'ordre de 1 à 2 °C sur toute la planète, mais cela provoquerait une augmentation importante de l'humidité atmosphérique, qui occasionnerait elle-même une hausse des températures d'au moins 1 °C. Un autre exemple d'effet secondaire de l'augmentation du gaz carbonique nous est fourni par le méthane. Une quantité importante de ce gaz est maintenue enterrée dans la toundra par le sol gelé (permafrost ou pergélisol*). Si l'augmentation de la quantité de gaz carbonique dans l'atmosphère provoquait une hausse de la température de la toundra de plusieurs degrés, il se pourrait alors que le méthane stocké dans le sol soit relâché dans l'atmosphère, avec de nouvelles répercussions sur l'effet de serre. Ces situations, dues à des effets rétroactifs, pèsent sérieusement sur les prévisions concernant le réchauffement de la planète.

Le carbone se trouve également sur notre planète sous forme de méthane ($CH_4$) dans la proportion de près de deux parts par million, soit en proportion cent quatre-vingts fois moindre que le gaz carbonique. La concentration du méthane dans l'atmosphère augmente au rythme d'environ 1 % par an et a déjà doublé depuis le XVII<sup>e</sup> siècle. Son accumulation s'est poursuivie durant les vingt dernières années bien qu'à un rythme réduit puisque son taux d'augmentation est passé de 1 % à 0,75 %. Les principales sources de méthane sont d'origine biologique : rizières, exploitations agricoles dans les régions tropicales et subtropicales, combustion de la biomasse, pourrissement des déchets organiques dans les décharges, aérage des mines de charbon, fermentation entérique des ruminants, fuites des gazoducs, émanations des puits de pétrole et de gaz, et même les termites ! Pour comprendre le cycle du méthane, il faut pouvoir évaluer avec précision les quantités produites par chacune de ces sources. De plus, sachant que le méthane est

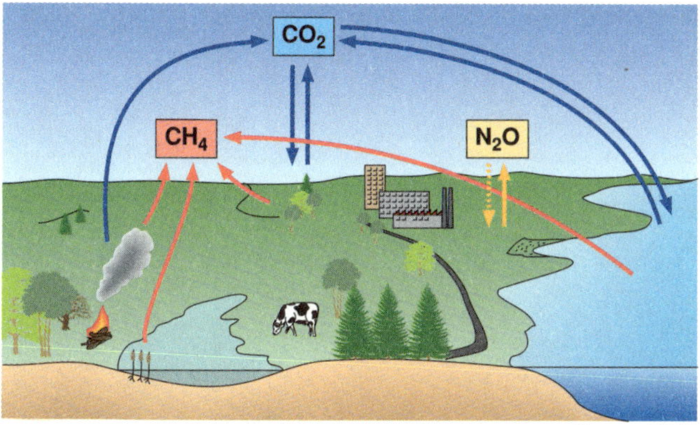


Source : IGBP.

**Le cycle du méthane, du dioxyde de carbone et du protoxyde d'azote.** *Ces trois gaz sont constamment recyclés dans l'atmosphère, le sol et les océans. Pour connaître le taux de leur accumulation dans l'atmosphère, il nous faut connaître avec précision les mécanismes qui déterminent leur cycle et, en particulier, leur origine, ainsi que les lieux et les causes de leur disparition dans le sol ou dans les mers.*

détruit lorsqu'il réagit avec le radical hydroxyl (OH) dans l'atmosphère, il est difficile de savoir si cette baisse récente de son taux d'augmentation est due à la diminution d'une des sources mentionnées ou à l'augmentation du radical hydroxyl dans l'atmosphère. La mesure directe des quantités de OH dans l'atmosphère globale est impossible car sa durée de vie n'excède pas quelques secondes. Les sols peuvent aussi absorber le méthane, mais on n'a pu encore déterminer en quelle quantité.

# Le rôle des océans

Le rôle des océans est essentiel dans la variabilité du climat global à différentes échelles du temps. Si la Terre n'est pas aussi chaude et stérile que Vénus, c'est parce qu'elle possède des océans. Sur des cycles allant de quelques années à plusieurs siècles, les océans régulent le fonctionnement du système Terre.

## Tempérer le climat global

Les océans forment un immense réservoir thermique, car ils retiennent la chaleur solaire beaucoup plus longtemps que les terres. Sans océan, le climat serait plus rigoureux, et la différence de température entre l'équateur et les pôles serait plus élevée. Il est inutile d'insister sur l'impact qu'une telle absence aurait sur la formation des nuages et des précipitations !

Les eaux océaniques se déplacent de l'équateur vers les pôles en transportant vers des latitudes plus hautes la chaleur stockée aux basses latitudes. La circulation de la chaleur se fait le long des méridiens en

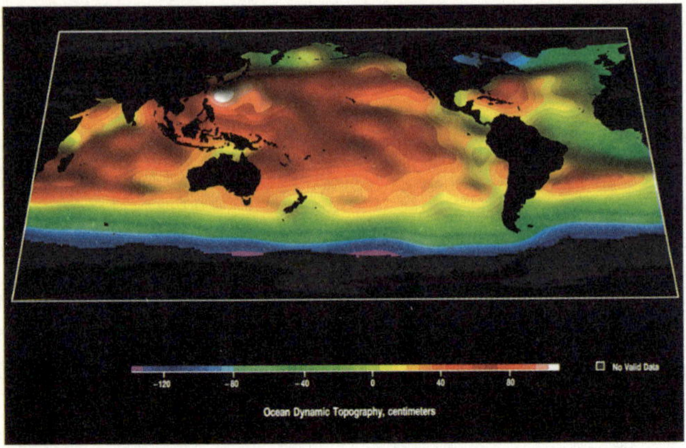


**Topographie dynamique des océans.**
*Le satellite franco-américain Topex-Poséidon observe la hauteur des océans avec une fantastique précision, de quelques centimètres. Cette illustration, générée à partir de dix jours d'observation, en octobre 1992, révèle la forte variabilité du relief des océans. Ces variations sont utilisées par les océanographes pour étudier la circulation océanique, de la même façon que les météorologues étudient les variations de pression pour déterminer les mouvements de l'atmosphère.*
© NASA

raison de la différence d'énergie solaire entre l'équateur et les pôles ; elle se fait également d'une manière transversale à cause de la rotation de la Terre. Elle est aussi dirigée par les vents et, finalement, suit les limites des continents. Dans les océans, on constate l'existence de reliefs autour desquels l'eau circule, comme les vents dans l'atmosphère circulent autour des zones de haute et basse pression. Ce type de circu-

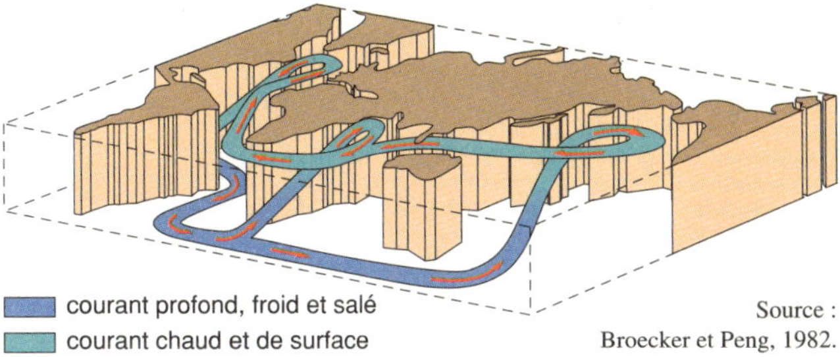


Source : Broecker et Peng, 1982.

**La circulation de l'eau dans les océans.**
*L'eau circule de la superficie vers les profondeurs, passant d'un océan à l'autre, l'ensemble de son parcours se déroulant sur quelques siècles. L'eau est d'autant plus lourde qu'elle est froide et salée. Aussi le cycle commence-t-il dans l'Atlantique Nord, où ces deux conditions sont réunies.*

lation a récemment été rendu « visible » grâce aux images fournies par le satellite franco-américain Topex-Poséidon.

Les océans transportent la chaleur sur des milliers de kilomètres avant de la libérer dans l'atmosphère. Le climat de certaines régions s'en trouve profondément modifié, tant en ce qui concerne les cycles quotidiens et saisonniers que les températures, qui peuvent être affectées jusqu'à plusieurs centaines de kilomètres à l'intérieur des terres.

Le Gulf Stream, qui apporte la chaleur de l'Atlantique équatorial jusqu'en Europe occidentale, illustre bien ce fait. On peut aussi mentionner l'impact du Kuroshio, au nord du Japon. En raison de leurs interactions avec l'atmosphère, ces courants changent constamment, la circulation atmosphérique variant elle-même beaucoup, en particulier au niveau de la ceinture équatoriale où elle est modifiée tous les deux à cinq ans. La dérivation périodique des eaux chaudes de l'océan Pacifique équatorial est causée par l'interaction entre atmosphère et océan.

La présence de ces couches d'eau, qui se maintiennent à des températures de 3 à 4 °C supérieures aux normales pendant une période d'une à trois années, affecte le climat et les précipitations autour de la planète. Au cours des dernières décennies, les scientifiques ont fait l'hypothèse que plusieurs manifestations climatiques anormales seraient directement liées au phénomène El Niño, qui consisterait en un brusque déplacement des eaux chaudes vers l'est dans l'océan Pacifique équatorial. Les océans ne tempèrent donc pas uniquement les hautes latitudes par les courants qui apportent l'énergie vers les pôles. Ils peuvent aussi perturber le climat global. Des phénomènes comme celui d'El Niño peuvent émettre une telle quantité d'énergie dans l'atmosphère que non seulement ils perturbent la ceinture tropicale, mais qu'ils atteignent aussi les zones tempérées.

## Réguler le cycle du carbone

Les océans ne se contentent pas d'affecter le climat de la planète ; ils jouent un rôle majeur sur la variation du cycle global du carbone. Les couches supérieures des océans recyclent chaque année environ cent milliards de tonnes de carbone. Fidèles à leur fonction de réservoir, les océans contiennent près de soixante fois plus de carbone qu'il ne s'en trouve dans le gaz carbonique de l'atmosphère. La majeure partie du carbone ainsi dissoute s'est accumulée au fond des océans pendant des millions d'années sous forme de calcaire. Quant au carbone des couches supérieures, dont la quantité est comparable à celle que contient l'atmosphère, il se recycle continuellement dans un processus d'échange entre l'atmosphère et les océans. Les scientifiques ne cernent toujours pas de façon précise ce processus qui présente une inconnue d'ordre essentiel dans la compréhension du cycle du carbone. Assimilée à quelques mètres de profondeur par le plancton au cours de la photosynthèse dans les océans et les zones côtières, puis consommée par ces mêmes organismes, une partie de ce carbone est réinjectée dans l'atmosphère par la respiration, le reste s'enfonçant dans les profondeurs soit par dissolution soit après avoir été utilisé par les organismes marins pour la formation de leurs coquilles et squelettes. Les estimations se compliquent du fait que, par périodes de plusieurs siècles, ces eaux profondes reviendraient elles-mêmes vers la surface par un système de circulation proposé par W.S. Broeker, qui ressemble fort à un tapis roulant. D'après cette théorie, les eaux de surface et celles des extrêmes profondeurs se mélangent aux eaux intermédiaires, dans un mouvement allant de l'océan Atlantique vers l'océan Indien et finalement vers le Pacifique (voir schéma p. 43). Si cette théorie est confirmée, elle permettra d'expliquer certains changements climatiques qui se sont produits dans le passé, au rythme de quelques décennies ou de quelques siècles, tels les grands froids subis en Europe au XVII$^{e}$ siècle.

Comment cette circulation se produit-elle ? Quand les eaux chaudes équatoriales atteignent les pôles, leur densité augmente pour deux raisons : parce qu'elles se refroidissent et parce que leur salinité s'élève à cause de l'évaporation plus importante, le climat étant plus sec vers les hautes latitudes. En effet, la densité de l'eau passe par un maximum à 4 °C et, bien sûr, augmente avec la salinité. Plus lourde, elle descend vers les fonds. Ainsi le tapis roulant est-il mis en mouvement, et ce mouvement peut affecter le climat global de même que le cycle global du carbone, selon des rythmes pouvant aller d'une décennie à un siècle.

# Les nuages et les volcans

## Les promeneurs du ciel

Sur certaines planètes du Système solaire, il existe des nuages qui ressemblent à ceux de la Terre, mais les nuages constitués d'eau liquide y sont assez rares. Sur Vénus, les nuages sont essentiellement composés d'acide sulfurique, sur Jupiter d'ammoniaque, sur Saturne de méthane. Sur Mars, où le gaz carbonique et l'eau existent en surface sous forme de glace, les nuages observés sont principalement constitués de poussière.

La présence de nuages sur une planète est facilement explicable : d'après les lois fondamentales de la physique, la température baisse d'autant plus que le gaz est moins dense. Et on sait que la densité des gaz est d'autant plus faible que l'altitude est élevée. La température moyenne à la surface de la Terre, par exemple, est de 15 °C, alors qu'elle avoisine – 40 °C dix kilomètres plus haut. De jour, la température en surface étant élevée, l'air chaud a tendance à monter, véhiculant l'humidité qui s'évapore selon les températures. Cette vapeur d'eau se rafraîchit peu à peu, et, lorsqu'elle atteint des lieux où la température est basse, elle se condense en fines gouttelettes, exactement de la même manière que la rosée ou le brouillard lors d'un matin froid. Mais cela ne suffit pas à la formation des nuages ; il faut en outre que les gouttes qui les composent trouvent chacune un noyau sur lequel se condenser, et que l'humidité ambiante soit suffisante pour qu'elles ne s'évaporent pas immédiatement. Lorsque toutes ces conditions sont réunies et que les nuages sont stables, ils peuvent alors traverser les océans et les continents et, tout le long de leur trajet, accumuler une quantité d'eau de plus en plus importante. 55 % de la surface terrestre est constamment recouverte par des nuages, parfois localisés, leur existence dépendant de conditions ponctuelles, telles que la présence de lacs, de rivières, de végétation, de collines, etc. Cette proportion varie selon le jour et la nuit, selon que les nuages se trouvent au-dessus des océans ou des terres, selon les saisons et selon les années. Or 30 % environ de l'énergie solaire qui atteint la Terre est réfléchie dans l'espace par les nuages, la poussière, l'atmosphère et la surface même de la Terre, et ne joue, de ce fait, aucun rôle dans le système énergétique global. S'il n'y avait pas de nuages, toute cette part de l'énergie solaire serait absorbée par la planète qui serait donc beaucoup plus chaude. Mais cela n'est qu'une hypothèse d'école : l'existence de l'eau à l'état liquide sur la surface de la Terre et sa température moyenne conduisent automatiquement à la formation de nuages.

Le principe de formation des nuages sur les autres planètes du Système solaire est analogue à celui qui régit leur apparition sur la nôtre, même si leur nature est très différente. Ainsi, bien qu'il n'y ait pas d'eau à l'état liquide sur la surface de Vénus et que la température y soit proche de 460 °C, à la limite de sa haute atmosphère, la température diminue pour atteindre – 40 °C à soixante-dix kilomètres d'altitude, température analogue à celle de l'atmosphère terrestre à dix kilomètres d'altitude. C'est pourquoi les nuages n'apparaissent sur Vénus qu'à une altitude comprise entre cinquante et soixante-dix kilomètres. Ils sont composés d'acide sulfurique ($H_2SO_4$), en raison de la présence abondante de dioxyde de soufre ($SO_2$) qui se mélange aux petites quantités d'eau pour former de l'acide sulfurique. Il s'y condense en petites gouttes, formant ainsi les nuages blancs qui recouvrent presque totalement Vénus et qui ont été observés avec perplexité depuis l'invention du télescope. Le mystère de la nature de ces nuages n'a été résolu qu'à partir de 1967, lorsque les sondes spatiales Venera ont pu atteindre la planète et ont analysé la composition de son atmosphère.

Sur Jupiter et Saturne, le méthane et l'ammoniac ($NH_3$) sont les principaux composants de l'atmosphère. Comme les températures diminuent avec l'altitude jusqu'à – 160 °C sur Jupiter et – 185 °C sur Saturne, ces gaz se condensent et recouvrent la planète en formant des nuages disposés en bandes concentriques. La présence de ces bandes serait due à la vitesse de rotation de la planète. En effet, environ dix heures suffisent à Jupiter et à Saturne pour opérer une rotation sur eux-mêmes – Vénus n'accomplit ce tour que tous les deux cent quarante-trois jours !

Une fois les nuages formés dans l'atmosphère, ils jouent un rôle non négligeable dans l'effet de serre. Pour comprendre leur participation aux mécanismes de rétroaction de l'effet de serre, il faut tenir compte du fait que, en raison de la présence d'eau sous forme liquide sur Terre, on peut supposer que toute augmentation de la température entraînerait une évaporation plus rapide de l'eau de surface vers l'atmosphère ; cela aurait pour effet d'augmenter la quantité de nuages, créant ainsi un écran entre la surface de la planète et le Soleil. La quantité d'énergie solaire atteignant le sol serait alors plus faible et provoquerait un refroidissement de la surface. Mais ces mêmes nuages absorberaient l'énergie infrarouge rayonnée par la surface de la Terre ; cela aurait pour conséquence l'augmentation de l'effet de serre, ce qui irait à l'inverse de l'effet précédemment décrit.

On ne sait actuellement dans quelle mesure les nuages remplissent l'un ou l'autre de ces deux rôles : tout dépend de leurs propriétés optiques et de l'altitude à laquelle ils se trouvent dans l'atmosphère. S'il s'agit de nuages fins faits de cristaux de glace situés en haute altitude, ils peuvent mal réfléchir la lumière solaire. En revanche, des nuages bas, et en général denses, risquent de réfléchir une énergie suffisante pour refroidir la surface de la planète.

Mais l'effet de serre dû aux nuages peut aussi dépendre de leur épaisseur, de leur hauteur et de la taille des gouttelettes. Une expérience a récemment été réalisée à partir de l'observation faite depuis des satellites de l'équilibre énergétique à la surface de la Terre pendant plusieurs années. L'observation déterminait le bilan énergétique dans l'atmosphère, en présence ou en l'absence de nuages au-dessus de toute la surface de la planète. Elle fut intéressante et instructive. Elle suggère par exemple que, lorsque les deux hémisphères reçoivent une quantité quasi équivalente d'énergie solaire, l'effet principal des nuages hauts et peu épais est de réchauffer la surface terrestre, et l'effet des nuages épais et bas de la refroidir.

## Des profondeurs de la Terre à la haute atmosphère

Les volcans sont peut-être les éléments les plus perturbateurs du climat de notre planète. Les phénomènes volcaniques apparaissent occasionnellement. Brusques et violents, non seulement ils modifient les paysages locaux en les recouvrant de lave, mais ils influent aussi sur le climat global pendant des mois ou des années. Grâce à des programmes d'observation intensive et à l'aide des mesures sophistiquées faites par satellites, des chercheurs ont étudié plusieurs événements volcaniques majeurs de ces vingt dernières années. Ils sont parvenus à élaborer une théorie sur la façon dont certains volcans affectent le climat global alors que d'autres ne lui font subir aucun changement.

Les éruptions du mont Saint Helens en 1980, d'El Chichon en 1982 et plus récemment du Pinatubo en

1991 ont été analysées de façon très précise grâce à des instruments embarqués sur des vaisseaux aériens et spatiaux. Dans chaque cas, les nuages émanant des volcans se sont élevés à plus de dix ou quinze kilomètres d'altitude et se sont répandus autour du globe en quelques semaines. Ces nuages ont persisté dans la stratosphère pendant des mois et, en ce qui concerne El Chichon, pendant plusieurs années ; cela a permis à la science de répondre à plusieurs questions qu'elle se posait : de quoi ces nuages sont-ils composés ? en quoi diffèrent-ils les uns des autres ? qu'est-ce qui détermine leur impact sur le climat global et sur le temps ?

Les principaux constituants d'un nuage volcanique sont la vapeur d'eau, le gaz carbonique et plusieurs autres éléments secondaires comme le chlore, le dioxyde de soufre, le sulfure d'hydrogène, etc. La vapeur d'eau se maintient dans l'atmosphère pendant quelques jours seulement ; toute l'eau rejetée par les volcans retombe sur le sol en peu de temps, sous forme de pluie, dans une région proche du volcan (à un maximum de quelques milliers de kilomètres). La quantité de gaz carbonique rejetée par un volcan ne représente que 0,01 % de celle qui existe déjà, ce qui est dérisoire et ne change pratiquement rien au cycle global du carbone.

L'émission d'acide chlorhydrique (HCl) doit en revanche être prise en compte en raison des débats actuels sur l'importance de l'apport de chlore dans la stratosphère. L'atome de chlore joue en effet un rôle essentiel dans la chimie de la stratosphère, car il est en partie responsable de la destruction de la couche d'ozone. D'autres sources naturelles de chlore que les volcans sont le sel marin (NaCl) et le methylchloride ($CH_3Cl$). Le chlore est également répandu dans l'atmosphère par les industries sous la forme des CFC.

L'ozone ($O_3$) est formé par la réaction

$$O_2 + O + M \longrightarrow O_3$$

M étant un catalyseur neutre. L'ozone se présente dans la stratosphère sous la forme d'une couche épaisse d'une trentaine de kilomètres, dont la concentration maximale se situe en moyenne entre vingt et vingt-cinq kilomètres d'altitude. Il est principalement détruit par l'effet des ultraviolets contenus dans les radiations solaires :

$$O_3 + \text{ultraviolets solaires} \longrightarrow O_2 + O.$$

D'autres réactions affectent la couche d'ozone ; la concentration d'oxygène atomique (O) joue un rôle essentiel dans la formation de l'ozone, mais aussi dans sa destruction selon la réaction : $O_3 + O = 2O_2$.

On recense aujourd'hui plus de cent réactions chimiques et photochimiques qui influent sur l'équilibre de la stratosphère. Dans l'une d'elles, le chlore joue un rôle particulièrement important. Lorsque l'acide chlorhydrique HCl est dissocié en hydrogène et en chlore sous l'action de la lumière, ou au cours d'autres réactions chimiques, le chlore libre réagit immédiatement avec l'ozone : $Cl + O_3 \longrightarrow ClO + O_2$, le divisant en molécules d'oxygène ($O_2$) et en monoxyde de chlore (ClO). Cette molécule est très active : elle continue à réagir avec l'oxygène atomique, reproduisant du chlore et des molécules d'oxygène selon la formule

$$ClO + O \longrightarrow Cl + O_2.$$

Dans ce processus, un atome de chlore aura non seulement détruit une molécule d'ozone, mais il aura également retiré au milieu ambiant un atome d'oxygène qui aurait éventuellement pu se combiner avec de l'oxygène moléculaire ($O_2$) pour reformer de l'ozone. Le chlore joue par conséquent un rôle de catalyseur en réduisant la concentration d'oxygène atomique dans l'atmosphère. Il reste intact à la fin de cette réaction, disponible pour recommencer le cycle de destruction de l'ozone. Naturellement, la concentration de chlore dans la stratosphère est très faible : l'atmosphère est composée de chlore au taux de 0,6 part par milliard. L'effet sur l'ozone est donc limité, mais non négligeable, car les réactions avec le chlore sont telles que les éléments qui détruisent l'ozone sont immédiatement régénérés et disponibles à nouveau pour répéter la réaction. Ainsi, une faible quantité de chlore, environ mille fois inférieure à celle de l'ozone, peut affecter la concentration de ce dernier.

Or le débat actuel à propos de l'augmentation du chlore dans la stratosphère pose la question des activités humaines. En effet, depuis le début des années 70, l'usage des CFC a provoqué un ajout de chlore dans la stratosphère. Les CFC étant par définition des gaz non réactifs, ils ne réagissent pas chimiquement avec d'autres molécules dans la basse atmosphère. Le gaz s'entasse dans l'atmosphère et diffuse très lentement vers la stratosphère, l'atteignant et s'y accumulant

**Explosion volcanique.**
*L'explosion volcanique du mont Saint Helens a eu lieu aux États-Unis le 18 mai 1980. La poussière et les gaz émis sont montés dans l'atmosphère jusqu'à vingt kilomètres d'altitude.*
© Katia Krafft / Explorer

trente ou quarante ans plus tard. Là, sous l'action du rayonnement ultraviolet, les CFC se dissocient en libérant du chlore atomique. Chaque nouvel atome de chlore arrivant dans la stratosphère détruit des milliers de molécules d'ozone. Dans les décennies à venir, on a prévu une réduction de 5 % de la concentration de l'ozone sur l'hémisphère Nord. Bien que cette réduction soit peu importante, son évolution a été surveillée par principe, car la couche d'ozone nous protège du rayonnement ultraviolet B, qui pourrait être nuisible à la productivité biologique des océans et dont les effets dermatologiques sont importants.

Pendant que la communauté scientifique débattait avec vigueur de la valeur de ces prédictions, on découvrait, au début des années 80, que la couche d'ozone était presque intacte autour du globe en dépit d'une augmentation de 200 à 300 % du chlore dans la stratosphère ; mais on remarquait dans le même temps que la concentration d'ozone au-dessus de l'Antarctique diminuait de façon importante au mois d'octobre de chaque année, c'est-à-dire à chaque début de printemps dans l'hémisphère Sud.

Ces mesures, faites par un scientifique britannique en expédition en Antarctique et publiées en 1985, montrent qu'à cette époque le niveau d'ozone a enregistré une baisse impressionnante – de plus de 40 % entre 1977 et 1984 –, par rapport aux valeurs observées le même mois dans les années 60. Une nouvelle analyse sur la même période des données fournies par satellites a confirmé cette découverte. Depuis, de nombreuses expéditions, combinant les mesures de surface et celles effectuées par ballon, par avion et par satellite, ont été organisées pour étudier ce phénomène unique. A partir de 1987, des observations essentielles ont été faites dans l'hémisphère Sud; elles ont par la suite été complétées par des observations analogues au pôle Nord, et se poursuivent grâce à une observation par satellites ininterrompue sur la totalité du globe. Ce qui s'est ensuivi est comparable au déroulement d'une histoire policière.

On a pu en effet observer plusieurs facteurs : la plus grande partie (95 %) de l'ozone située entre quinze et vingt kilomètres d'altitude a disparu; la destruction commence dès l'arrivée des premiers rayons du Soleil après la longue nuit hivernale de six mois; le niveau d'ozone a commencé à diminuer lorsque celui du chlore s'est mis à augmenter; la température, à cette altitude et à ce moment de l'année, tombe au-dessous de – 95 °C, ce qui en fait la partie de l'atmosphère la plus froide de la planète; des nuages fins composés de cristaux de glace font leur apparition lorsque l'ozone commence à diminuer; enfin, ces conditions restent localisées au-dessus de l'Antarctique et ne se manifestent que lorsque le Soleil s'élève sur l'horizon.

A partir de ces six constatations, on a cherché à expliquer la diminution de la couche d'ozone au-dessus de l'Antarctique, nommée « trou de la couche d'ozone ». Pourquoi n'apparaît-elle qu'en octobre-novembre, et quel était le coupable ? Il semblerait que le phénomène soit dû en premier lieu aux basses températures qui favorisent l'apparition de fins nuages de cristaux de glace. Ces derniers contiennent certains éléments chimiques, notamment des composés du chlore en concentration supérieure à la normale. Associés à l'action de la lumière solaire, ces différents éléments se combinent et entraînent des réactions chimiques à la surface des cristaux de glace, détruisant ainsi rapidement l'ozone.

Il n'y a pas plus de chlore en Antarctique qu'ailleurs, mais la présence des cristaux de glace et l'arrivée de la lumière solaire après la longue nuit polaire provoquent une réaction plus rapide avec l'ozone.

La réaction pourrait être la suivante : le nitrate de chlore ($ClONO_2$) réagit avec l'acide chlorhydrique (HCl) présent à la surface de la glace, produisant une molécule de chlore ($Cl_2$) et de l'acide nitrique ($HNO_3$) ; la molécule de chlore se scinde ensuite en deux atomes ; alors commence le cycle vicieux de la destruction de l'ozone ($O_3$) selon le processus décrit.

La majorité des membres de la communauté scientifique accepte aujourd'hui l'idée qu'un tel mécanisme serait responsable de la destruction de l'ozone observée au-dessus du pôle Sud ; cette théorie explique également les raisons pour lesquelles le « trou de la couche d'ozone » reste confiné au-dessus de l'Antarctique. Parallèlement, on a découvert il y a quelques années que l'air pauvre en ozone débordait maintenant des régions polaires, pour recouvrir des latitudes plus basses ; il serait ainsi responsable du faible niveau d'ozone observé au sud de 60 °S de latitude au printemps et en été.

L'agent principal de la destruction de l'ozone est donc le chlore. Or l'une des origines du chlore présent

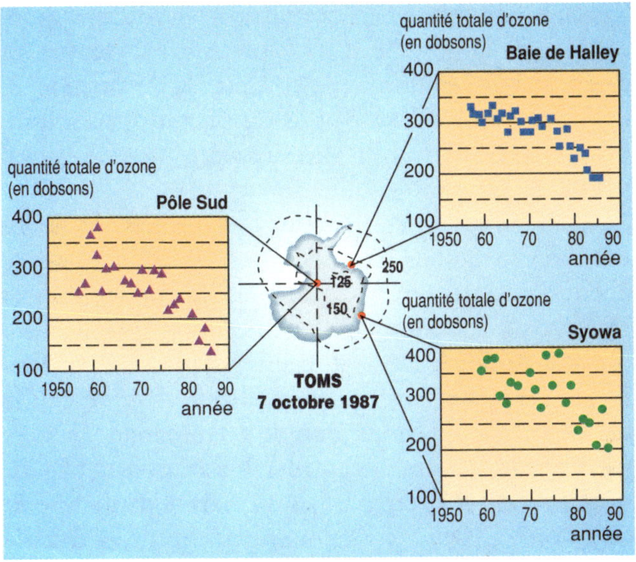


Source : *Global Change and Our Common Future*,
© National Academy Press, 1989.

**Le trou de la couche d'ozone.**
*Le dobson est l'unité de mesure de l'épaisseur de la couche d'ozone. 100 dobsons = 1 mm, aux conditions normales de température et de pression. Les mesures effectuées ici en trois points de l'Antarctique sont les premières à avoir mis en évidence le trou dans la couche d'ozone. Elles sont complétées par les mesures effectuées par le spectromètre TOMS le 7 octobre 1987 (courbes en pointillés sur la carte).*

dans notre atmosphère est l'éruption volcanique, qui peut rejeter près de cent mille tonnes d'acide chlorhydrique dans l'atmosphère. Donc une seule émission volcanique peut y injecter jusqu'à 10 % du chlore contenu dans la production annuelle des CFC. Le phénomène pose les questions suivantes : quel effet l'addition de chlore par les volcans a-t-elle sur la diminution de la couche d'ozone située au-dessus de l'Antarctique ? pourrait-elle accélérer la destruction de la couche d'ozone au-dessus de l'hémisphère Nord, celle-ci n'ayant pas encore présenté de diminution notable ?

Pour y répondre, des équipes internationales ont fait des expéditions dans les régions du pôle Nord au début du printemps 1992, six mois après l'éruption du Pinatubo aux Philippines, afin d'étudier ses conséquences sur la couche d'ozone polaire. Les scientifiques ont constaté que la chimie de l'atmosphère de la région polaire a subi une grande perturbation ; on a pu mesurer les quantités considérables de particules de sulfates et de chlorure actif sous la forme de monoxyde de chlore (ClO). Mais les mesures effectuées dans la stratosphère de cette région du globe sont très récentes. On ignore donc si cette présence importante de chlore est due à l'éruption du Pinatubo ou à l'augmentation continue de l'utilisation des CFC. Cependant, comme les températures stratosphériques au-dessus de l'Arctique sont restées anormalement élevées, les nuages de particules de glace n'ont pas pu se former ; la destruction de l'ozone a donc été assez limitée.

En fait, les observations démontrent une différence fondamentale entre les deux pôles : dans l'Antarctique, la conjonction de l'arrivée de la lumière solaire, aux premiers jours du printemps, avec la température la plus basse produit des cristaux de glace qui détruisent les molécules d'ozone. En revanche, en Arctique, la température minimale à vingt kilomètres d'altitude a lieu en février, période où le Soleil n'est pas encore présent. Quand le Soleil se lève, fin mars, début avril, la température est déjà plus haute et ne permet plus la formation des cristaux de glace.

Le rôle des volcans dans la destruction de l'ozone par le chlore semblerait minime face à celui des CFC. Mais les particules de sulfates éjectées lors des éruptions volcaniques ont une incidence sur les variations du système climatique terrestre et sur celles des températures de la haute atmosphère. Le dioxyde de soufre s'élève jusqu'à la stratosphère moyenne. Or, bien que celle-ci soit relativement sèche, elle contient de la vapeur d'eau en quantité suffisante pour que le dioxyde de soufre puisse se combiner avec l'eau, formant ainsi de l'acide sulfurique ($H_2SO_4$). Au contact de la stratosphère, dont la température est inférieure à – 50 °C, de petites gouttes d'acide sulfurique se forment et se répandent autour de la Terre, entraînées par les vents forts existant à cette altitude. Les scientifiques ont pu suivre à la trace l'acide sulfurique émis par le Pinatubo, depuis les Philippines jusqu'en Afrique et en Amérique centrale et, de nouveau, jusqu'en Asie. En quelques semaines, le nuage d'acide sulfurique avait fait le tour du globe, s'étirant pendant plusieurs mois jusqu'aux pôles.

Les gouttes d'acide sulfurique ont une propriété particulière : très brillantes, elles réfléchissent une grande partie de la lumière solaire qu'elles reçoivent. Un nuage fin composé de ces gouttes peut faire écran, barrant la route à 0,5 % de la lumière solaire ; si ces particules d'acide sulfurique persistent dans la strato-

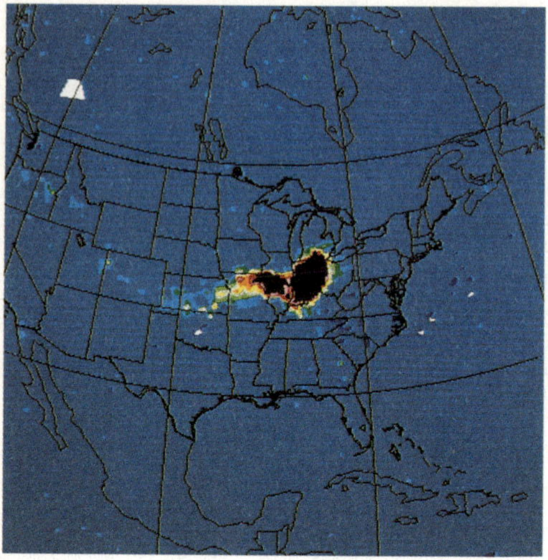

**Trajectoire.**
*L'éruption du mont Saint Helens a provoqué l'émission d'oxyde de soufre. On peut ici en voir la trajectoire, observée par le satellite Nimbus deux jours après l'éruption.*
© LFA / NASA / GSFC / Science Photo Library / Cosmos

sphère – cela arrive souvent – pendant des mois ou des années, elles peuvent abaisser la température à la surface de la planète de 0,25 °C en moyenne. Normalement, d'une année sur l'autre, les variations de la température globale sont bien moins élevées ; on peut donc en déduire qu'une quantité excessive de soufre en provenance d'une éruption volcanique pourrait produire une tendance au refroidissement sur deux à trois ans. Or l'étude des éruptions volcaniques sur les trente dernières années a montré que trois d'entre

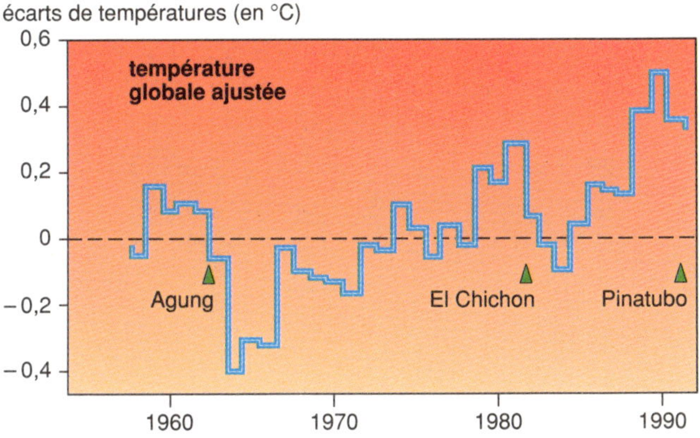


Source : Science.

**Les variations des moyennes annuelles des températures.** *Mesurées en degrés Celsius, sur une durée de trente ans, ces variations montrent bien que chaque irruption volcanique importante fut suivie d'un net refroidissement.*

elles ont été suivies par un refroidissement généralisé de la surface terrestre pendant une période de plusieurs années. Il s'agit des éruptions du mont Agung en 1962, d'El Chichon en 1982, et du Pinatubo en 1991.

Les gaz et les poussières émis par les volcans peuvent avoir un impact sur le climat de deux façons : comme les sulfates, d'autres particules peuvent se répandre dans l'atmosphère et la stratosphère et faire écran aux rayons du Soleil ; ces mêmes poussières peuvent affecter le schéma global des pluies, car elles approvisionnent les nuages en noyaux favorisant la formation de la pluie. Un réseau d'observation des poussières volcaniques par lidars* (instruments de détection par laser depuis le sol) fonctionne à travers le monde avec la forte participation de la France depuis les années 70. Les satellites complètent ces mesures et fournissent des résultats plus globaux de la répartition de ces poussières. En 1982, la quantité de poussière dans la stratosphère a considérablement augmenté à cause de l'éruption d'El Chichon ; il a fallu dix ans pour que cette quantité revienne à la normale. En 1991 à nouveau, l'éruption du Pinatubo a ramené cette quantité au niveau atteint lors de l'éruption d'El Chichon. En 1993, la quantité de poussière dans la stratosphère a diminué de façon non négligeable, et on a pu enregistrer une baisse globale des températures d'environ 0,25 °C en 1992 par rapport aux maximales des années 1989, 1990 et 1991. Bien qu'il y ait eu environ une douzaine d'autres événements volcaniques importants au cours de ces dix dernières années, leur impact à long terme sur la stratosphère et sur le climat a été minime.

Plusieurs éléments interviennent dans le fait qu'un volcan affecte ou non le climat global : l'éruption doit être assez violente pour que des matériaux soient projetés dans la stratosphère, à dix-huit kilomètres d'altitude au niveau de l'équateur, et à dix ou douze kilomètres d'altitude dans les latitudes plus hautes. Par ailleurs, les gaz qui atteignent la stratosphère doivent contenir du soufre en quantité suffisante pour former de l'acide sulfurique. Enfin, les risques que la poussière se répande autour du globe sont d'autant plus grands que le volcan est proche des tropiques ; lorsqu'il est situé à des latitudes plus hautes, la poussière tend en effet à converger vers l'un des deux pôles.

Autre effet – plus inattendu – des particules de poussière : elles modifient la couleur des couchers de Soleil. Beaucoup plus colorés que pendant les périodes où il n'y a pas d'éruption volcanique majeure, ils sont très spectaculaires.

# Le rôle de la végétation

La couverture végétale affecte de diverses manières le fonctionnement du système Terre. Elle régule les cycles de l'eau et du carbone, la fertilité du sol, la biodiversité, et contribue même à la variation de la concentration en protoxyde d'azote, en soufre et en phosphore dans la basse atmosphère.

## Le cycle de l'eau

La répartition des précipitations, des températures, de l'ensoleillement, des chutes de neige et de l'écoulement de l'eau détermine en grande partie l'évolution de la biomasse et de la productivité biologique. La couverture végétale, à son tour, affecte le processus hydrologique, localement et globalement. Les plantes aident le sol à retenir l'eau, à la pomper et à la transférer du sol vers l'atmosphère. En fait, au cours d'une année, la quantité d'eau transitant des plantes vers l'atmosphère (transpiration) est environ deux fois plus importante que celle qui transite des rivières vers les océans. Bien que la principale source de précipitations sur les terres, à l'échelle de la planète, soit les océans, environ la moitié de cette eau est remise en circulation dans l'atmosphère par la végétation. Dans la forêt amazonienne, on atteint des chiffres particulièrement importants, des expériences ayant montré que ce recyclage y est de l'ordre de 75 % ; cela signifie que l'eau qui y tombe un jour donné est pratiquement la même que celle qui y est tombée quelques jours auparavant. Ainsi peut-on imaginer l'impact de la déforestation à grande échelle sur le climat. Si l'on considère la forêt amazonienne (dont la superficie est de cinq millions de kilomètres carrés), le défrichement d'un large bloc (comprenant un dixième de cette superficie par exemple) pourrait causer une importante réduction de la quantité d'eau évaporée par la transpiration, ce qui entraînerait à son tour une diminution de la pluie, non seulement au-dessus de la région concernée, mais aussi dans les régions alentour. Cette hypothèse, qui signifie que « la déforestation peut mener à la désertification », est à l'origine de multiples inquiétudes depuis que les hommes ont commencé à modifier le paysage mondial. Des études ont été menées à grande échelle pour évaluer l'impact des changements majeurs subis par la couverture végétale sur le climat global et continental. Elles indiquent une possible diminution des précipitations de l'ordre de 30 % dans le cas où la moitié de l'Amazonie passerait de l'état de forêts à l'état de savane. De tels chiffres sont instructifs car ils permettent le contrôle simultané des variations à long terme de la couverture terrestre et du climat dans des régions où l'homme apporte plus de changements que les fluctuations climatiques naturelles comme, par exemple, dans les régions tropicales. Des programmes d'études internationaux sont en préparation dans certains pays tel le Brésil pour vérifier cette hypothèse.

La déforestation réduit aussi la capacité du sol à retenir l'eau. Celle-ci s'écoulant rapidement, on observe une accélération de l'érosion du sol qui nuit à sa fertilité. Le cas de Haïti est un exemple type de ces défrichements de forêts sur les versants des montagnes qui ont entraîné une dramatique diminution de la fertilité des sols sur une grande partie du pays.

## La diversité biologique

La nature de la couverture végétale globale – comme celle du climat qu'elle engendre – dépend de la diversité des espèces végétales présentes sur la planète. L'homme est lui-même dépendant de cette diversité, dont il a exploité plus de sept mille espèces uniquement pour se nourrir. En France, un repas type comprend un grand nombre d'ingrédients extraits de plantes originaires des tropiques – la pomme de terre, le sucre, le café, le chocolat en sont quelques exemples. De plus, les pharmacies regorgent de produits dérivés de plantes tropicales. Un rapport récent de l'Académie nationale des sciences des États-Unis précise que les forêts tropicales, qui ne recouvrent que 7 % de la surface de la planète, contiennent environ la moitié des espèces répertoriées. Les conséquences de la déforestation sur la diversité biologique méritent donc une attention toute particulière.

Les modifications que l'évolution humaine a fait subir à la couverture terrestre ont eu, sur la diversité biologique, un impact difficile à évaluer. Des changements climatiques, dont on ne sait s'ils ont été soudains ou relativement lents, ont provoqué la disparition de certaines espèces végétales et animales. Le cas le plus connu est celui de la disparition des dinosaures. L'une des hypothèses serait qu'un astéroïde est venu heurter la Terre. L'émission de poussières provoquée par l'explosion aurait recouvert la planète et l'aurait plongée dans l'obscurité, la refroidissant en quelques années et provoquant la disparition de la végétation. Les dinosaures, privés de nourriture, en seraient morts. Il se pourrait également qu'un processus climatique plus long, sur plusieurs milliers, voire plusieurs millions d'années, ait changé la nature de la végétation, causant d'une autre façon l'extinction de ces animaux. Les indices dont nous disposons à propos de cet événement, survenu il y a soixante-cinq millions d'années, sont encore trop rares pour dire dans quelles circonstances et en combien de temps les différentes espèces de reptiles géants ont disparu. A l'échelle géologique, de tels processus vont de pair avec les changements climatiques les plus importants, le début et la fin d'une période glaciaire par exemple.

Il y a environ douze mille ans, à la fin de la dernière glaciation, une hausse des températures de 3 à 5 °C a provoqué la migration de certaines espèces végétales vers le nord de l'Amérique. Elles se sont déplacées au rythme de vingt à trente kilomètres par siècle ; il leur a donc fallu plusieurs milliers d'années pour « parcourir » entre cinq cents et mille kilomètres afin de rester dans une zone climatique qui leur convienne. Plusieurs questions se posent : à quelle vitesse les espèces peuvent-elles migrer lorsqu'elles doivent fuir des conditions climatiques défavorables ? Si elles restent sur place, combien de temps leur faut-il pour s'adapter à de nouvelles conditions climatiques ? Dans le cas des forêts tropicales, à quel schéma de déforestation provoquée par les hommes les espèces peuvent-elles survivre et pour combien de temps, sachant que des interruptions de la couverture végétale sur de grandes distances peuvent empêcher la migration – et l'évolution – des plantes et des animaux ? Voilà quelques-unes des questions que se pose la communauté scientifique. Les réponses sont, à ce jour encore, vagues et ne permettent aucune prévision quantifiable sérieuse.

## La végétation et le cycle du carbone

La quantité de carbone présente dans la biomasse est inférieure d'environ 20 % à celle contenue dans l'atmosphère. Malgré cela, la couverture végétale joue un rôle important dans le cycle global du carbone. Chaque année, dans l'hémisphère Nord, au printemps et en été, environ huit à dix milliards de tonnes de carbone sont fixées par les plantes et donc soustraites à l'atmosphère. Une quantité quasi équivalente retourne dans l'atmosphère durant l'automne et l'hiver suivants. Pourtant, ce va-et-vient ne constitue que 10 % de la quantité de carbone échangé. Les plantes, les micro-organismes et les animaux recyclent l'intégralité du carbone de l'atmosphère tous les trois à cinq ans. Par conséquent, tout changement dans la végétation affecte le cycle du carbone. Selon certaines estimations, durant les trois cents dernières années, la surface occupée par les forêts ayant diminué en raison de l'occupation des sols, il y aurait eu une perte nette d'environ deux cents milliards de tonnes de carbone sur les terres. En effet, la déforestation ou la transformation de la nature du sol due à son exploitation ajoute du carbone à l'atmosphère soit par les feux de forêt ou de brousse, soit par l'oxydation du carbone (le pourrissement du bois le transforme en gaz carbonique).

Ce gaz carbonique ajouté dans l'atmosphère s'y est accumulé ou bien a été absorbé par les océans. Or cette quantité est presque équivalente aux deux cent cinquante milliards de tonnes de carbone ajoutées à ce jour à l'atmosphère par la consommation de combustibles fossiles. Avant 1920, la quantité de gaz carbonique rejetée dans l'atmosphère en raison de l'occupation des sols était probablement plus importante que celle rejetée par les combustibles fossiles. Aujourd'hui, ceux-ci dépassent les sources biotiques* (dues à l'occupation des sols), mais des données plus précises concernant ces dernières sont nécessaires pour pouvoir estimer d'une manière fiable la future composition en gaz carbonique de l'atmosphère.

L'équilibre du cycle annuel du carbone fait aujourd'hui l'objet d'un grand nombre de débats au sein de la communauté scientifique. Sa compréhension permettra de mieux connaître les échanges entre la terre, les océans et l'atmosphère, et de déterminer la distribution de l'excès de carbone ajouté chaque année à ces trois réservoirs. Si l'on estime, par hypothèse, qu'en l'absence de perturbations créées par l'homme le cycle du carbone est en équilibre, on se retrouve confronté au problème posé par la mystérieuse disparition de la moitié du carbone émis chaque année par les combustibles fossiles.

Dans ce puzzle, deux chiffres sont très précis mais ne concordent pas. La quantité de combustibles fossiles brûlée chaque année est connue : elle s'élève à 6 milliards de tonnes, à 10 % près. D'autre part, grâce au réseau de stations de mesure extrêmement fiable disposé autour du globe, nous connaissons la quantité de gaz carbonique qui vient s'ajouter à l'atmosphère : elle est de 3,8 milliards de tonnes de carbone par an. Par conséquent, 6 n'étant pas égal à 3,8, où vont les 2,2 milliards de tonnes de carbone restants ? Le problème se complique encore lorsqu'on prend en compte les 1,5 à 3 milliards de tonnes de carbone répandu chaque année dans l'atmosphère par le biais de la déforestation. Même en prenant les valeurs minimales, l'équation est encore plus déséquilibrée : 6 + 1,5 ne font pas 3,8 !

Or, il existe un réservoir capable d'emmagasiner d'immenses quantités de carbone chaque année : l'océan. On pensait jusqu'à présent qu'il en absorbait de 2 à 3 milliards de tonnes par an. L'explication du mystère pourrait donc être soit que l'océan absorbe encore plus de carbone qu'on ne l'imaginait, soit que celui-ci est absorbé par les terres. Une récente publication, fondée sur une analyse très poussée de la pression exercée par le gaz carbonique dans les eaux océaniques, propose l'idée que les océans n'absorbent qu'une quantité inférieure à ce que l'on avait estimé auparavant. Ce résultat signifierait donc que la terre emmagasine jusqu'à 2 à 3 milliards de tonnes de carbone supplémentaires chaque année, au moins depuis le début de ce siècle.

En revanche, si les océans absorbent plus de carbone que ce qui a été estimé et si la quantité de carbone lâchée dans l'atmosphère, en raison de la déforestation, est inférieure à 1,5 milliard de tonnes par an, alors le problème du carbone «manquant» n'existe plus. Dans ce contexte, une étude récente suggère que le taux de déforestation en Amazonie, mesuré sur une période de dix ans (1978-1988), est de l'ordre de dix-huit mille kilomètres carrés par an et non quatre-vingt mille, comme l'ont avancé certains chercheurs.

La question du carbone «manquant» ne pourra être résolue que si ces résultats sont vérifiés et si la communauté scientifique peut les confirmer avec d'autres mesures précises – en particulier celles des déboisements et des feux de forêt – dans les autres régions de la ceinture tropicale.

## La végétation et la chimie atmosphérique

L'importance de la végétation dans la régulation de la concentration du gaz carbonique et du méthane atmosphérique a déjà été discutée. Cependant, il est important de rappeler que les processus biosphériques contrôlent également les taux de protoxyde d'azote

**Feux de forêt.**
*Ces feux de forêt sont situés dans l'État de Rondônia au Brésil. On peut observer, par satellite, jusqu'à cinq cents feux par jour dans la forêt amazonienne, pendant la saison sèche.*
© Matrix / Cosmos

($N_2O$), d'ammoniac et des dérivés du soufre dans l'atmosphère, qui jouent un rôle dans la chimie de la basse atmosphère. Dans certains cas, par exemple celui de la combustion de la biomasse, les activités humaines peuvent être à l'origine de modifications de l'équilibre global de ces gaz par la production de gaz tels que l'ozone et les composés du soufre.

La concentration de l'ozone troposphérique semble avoir augmenté dans les dernières décennies. Il est normalement produit par l'oxydation du monoxyde de carbone (CO) et d'autres composés organiques volatiles, en présence de composés d'azote et de l'exposition à la lumière solaire. La concentration de ces trois gaz augmente dans l'atmosphère en raison des activités industrielles et agricoles et aussi à cause des feux de brousse et de forêt, ce qui provoque un accroissement de la quantité d'ozone troposphérique. On observe ainsi de fortes concentrations d'ozone au-dessus de grandes villes comme Los Angeles ou Athènes. Au-dessus de l'Atlantique septentrional, on a récemment découvert une quantité spectaculaire d'ozone, probablement due à la combustion excessive de la biomasse en Afrique du Sud.

Les sols et les plantes émettent des composés du soufre comme le sulfure de diméthyle, le sulfure d'hydrogène ($H_2S$), le sulfite carbonyle (COS), etc. Ces émissions naturelles sont nettement moins importantes que celles provoquées par les océans. En revanche, les activités humaines commencent à causer une augmentation de la quantité de soufre dans l'atmosphère. La compréhension du cycle naturel du soufre permettrait d'évaluer l'impact des augmentations de soufre causées par les humains. Dans ce contexte, la formation de particules de sulfate est d'autant plus importante qu'elle peut aboutir à la formation de nuages. On a découvert que les concentrations en sulfates au-dessus des forêts tropicales sont relativement élevées, et l'on se demande actuellement si elles ont un rôle dans la régulation de la structure nuageuse au-dessus des forêts en l'absence d'afflux de masses d'air océanique.

Le sulfite carbonyle (COS) est, dans l'atmosphère, le composé à base de soufre qui a la plus longue durée de vie, de l'ordre de quelques années, ce qui lui permet d'être transporté jusqu'à la stratosphère où il se transforme en gouttelettes d'acide sulfurique ($H_2SO_4$) (comme dans le cas des éruptions volcaniques); il peut affecter la réflectivité (ou albédo*) de la planète et en modifier le climat.

Le protoxyde d'azote ($N_2O$), gaz formé dans les sols par les écosystèmes* naturels et agricoles, contribue à l'effet de serre sur Terre pour environ 15 % ; ayant une longue durée de vie, il lui arrive d'atteindre la stratosphère où il participe à la destruction de l'ozone. Sa concentration augmente régulièrement à un taux de 0,25 % par an. Le dioxyde d'azote, produit en quantité significative dans la combustion de la biomasse, est actif chimiquement et régule la concentration de l'ozone troposphérique. L'ammoniac, enfin, est rejeté dans l'atmosphère par les plantes, les sols fertilisés et les animaux. Il joue un rôle majeur dans le contrôle de l'acidité des précipitations.

La couverture végétale globale et les sols sont deux acteurs principaux du fonctionnement du système Terre à toutes les échelles d'espace et de temps. Comment évoluent-ils d'une saison sur l'autre ? d'une année sur l'autre ? Quelle est la tendance de leur évolution à long terme, à la fois dans des conditions naturelles et en tenant compte des activités humaines ? Ces questions restent pour l'instant sans réponse. Dans ce qui suit, nous essaierons de montrer comment les techniques actuelles de surveillance de la planète, depuis l'espace et sur Terre, peuvent et doivent être utilisées pour étudier cette entité fondamentale, mais particulièrement hétérogène, qu'est le système Terre.

*La Terre est un système complexe. Pour être à même de prévoir son état dans vingt ou même cent ans, il est nécessaire de comprendre les multiples interactions qui existent entre atmosphère, océans et terre.*

*Des données de plus en plus précises, qui permettront d'améliorer modèles et prévisions, sont maintenant à notre disposition grâce aux satellites et aux réseaux d'observation au sol. Mieux connaître le système Terre aidera l'homme à trouver un équilibre entre catastrophisme et immobilisme.*

# Équilibre entre immobilisme et catastrophisme

**Végétation d'une partie de l'Asie**
*(page précédente). Cet assemblage d'observations satellitaires met en évidence des régions couvertes par différents types de végétation, durant l'été. Les végétations vertes et denses sont représentées en vert, et les végétations éparses ou sèches en jaune.*

# Données et modèles

*Étant entendu que les modèles sans données*
*n'ont aucune valeur prédictive[...]*
*les données sans modèles apportent la confusion*
JACQUES LOUIS LIONS
Professeur au Collège de France

Pour comprendre le fonctionnement du système Terre et pour prévoir son état futur, il est nécessaire que des progrès soient accomplis dans l'observation du système et la modélisation des processus. Les modèles servent notre connaissance des systèmes complexes de la planète ; ils nous aident à expliquer leurs interactions et à comprendre le climat et les systèmes biogéochimiques, c'est-à-dire les systèmes qui incluent les interactions biologiques, physiques et chimiques. Or, ces modèles ne peuvent être construits et leurs prédictions, qui varient de quelques secondes à plusieurs décennies, ne peuvent être vérifiées si des données précises n'ont au préalable été recueillies. Grâce à cette approche, on peut décrire, comprendre, simuler le passé et essayer de prédire l'avenir à l'échelle

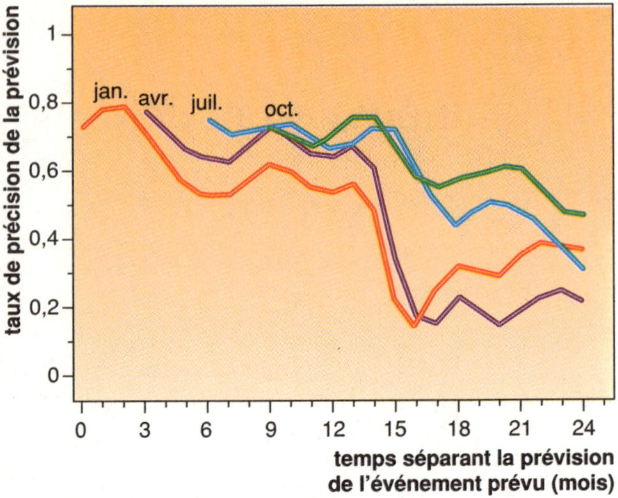


Source : Mark Cane, World Climate Research Program.

**Précision et prévision.** *Pour connaître la précision d'une prévision, on détermine le rapport entre la température prévue et celle qui a été effectivement enregistrée (ici, à la surface des mers). Un rapport de 1,00 signifie donc une précision parfaite. Une haute précision, de 0,8, est actuellement atteinte pour des prévisions sur douze mois du phénomène d'El Niño dans le Pacifique.*

planétaire. L'étude de la Terre s'opère sur des échelles de temps différentes et mobilise un ensemble de disciplines scientifiques. Pour comprendre les variations ainsi modélisées, il faut tenir compte des liaisons, par exemple entre les écosystèmes et l'atmosphère, ou entre la chimie atmosphérique et les océans, ou encore entre la biologie des océans et son influence sur les échanges chimiques dans leurs couches superficielle et profonde. En fait, seuls les modèles couplés qui lient

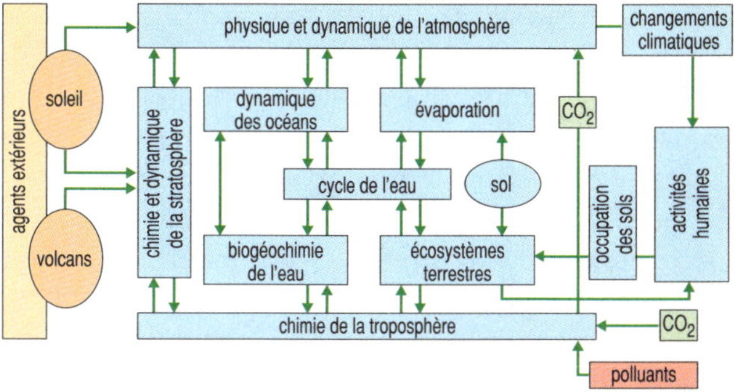


Source : NASA.

**Un modèle global du système Terre.** *Les océans, le sol et l'atmosphère interagissent à toutes les échelles du temps et de l'espace.*

l'atmosphère, les océans et la terre doivent être développés. Les modèles actuels les plus proches de la réalité concernent les mouvements atmosphériques et sont utilisés pour les prévisions météorologiques jusqu'à dix jours. Cependant, ils ne tiennent guère compte de l'interaction des océans et de la Terre ni de l'interaction des processus chimique et biologique.

La connaissance des systèmes couplés progresse lentement. Le couplage atmosphère-océan n'est pas aisé à comprendre car plusieurs échelles de temps y sont impliquées : les conditions atmosphériques changent rapidement, en quelques jours voire en quelques heures, alors que les océans subissent des variations plus lentes, de l'ordre de quelques jours à quelques années. En dépit de ces difficultés, la simulation des conditions climatiques paraît prometteuse. Les résultats obtenus dans les prévisions de l'évolution d'El

Niño et de ses conséquences sont des plus encourageants.

La représentation future idéale serait, bien sûr, un modèle de systèmes couplés qui prendrait en compte la totalité du système Terre. Les difficultés apparaissent dès que l'on essaie, par exemple, de coupler l'hydrologie terrestre et l'atmosphère. Comment représenter l'évaporation de l'eau par les plantes dans l'atmosphère ? Comment construire un modèle global d'une végétation si hétérogène ? Enfin, comment modéliser les variations de la végétation dans des conditions climatiques changeantes quand nos connaissances à ce sujet sont minimes ?

Un comité de réflexion formé par la NASA et dirigé par Francis Bretherton a conceptualisé un modèle du système Terre qui pourrait être fonctionnel avant l'an 2000. Il ne s'agit bien évidemment pas d'un modèle de la Terre entière à toutes les échelles du temps, mais d'un modèle décrivant les processus principaux impliqués dans les changements à l'échelle globale, et allant de quelques décennies à un siècle ou deux.

Ce modèle conceptuel, qui tient compte des fluides (eau et atmosphère) et de la biologie de la Terre couplés aux activités humaines, a deux composantes majeures : le système climatique physique et les cycles biogéochimiques. Ces deux systèmes sont reliés par la circulation de l'eau sous les trois états de la matière, solide, liquide et gazeux. Trois principaux « intervenants » extérieurs participent de ce système : le Soleil, source d'énergie essentielle ; les éventuelles éruptions volcaniques, qui peuvent empêcher l'énergie solaire d'atteindre la surface de la planète ; les activités humaines actuelles qui, en ajoutant à l'atmosphère de la poussière et des gaz à effet de serre et en accentuant l'occupation des sols, changent les caractéristiques physiques et biologiques de la surface terrestre.

Sur le plan physique, le système climatique est régi par les variations de l'énergie solaire et la rotation de la Terre qui influe sur les vents et le courant océanique. Les différences de température produisent des déplacements locaux de l'air et de la mer, créant ainsi l'évaporation, les nuages, la pluie, et par conséquent le climat. Les vents redistribuent la chaleur et l'humidité : ils exercent une pression sur les couches superficielles des océans, suscitant les variations des mouvements des eaux. Les vents et les océans constituent le support du système climatique et lui permettent de relier les diverses parties du monde.

Les cycles biogéochimiques causent le déplacement d'éléments chimiques tels le carbone, l'azote, le soufre et l'oxygène à travers l'atmosphère, les terres et les océans qui, à leur tour, sont affectés par les changements de climat et les activités humaines. La connaissance des interactions qui les lient avec le système climatique physique permettra un jour la compréhension de l'évolution du système Terre à des échelles de temps variant de quelques dizaines d'années à quelques siècles. Les cycles biogéochimiques ont également une incidence sur la concentration atmosphérique des gaz à effet de serre qui modifient le climat.

Ces deux systèmes, évolution climatique et cycles biogéochimiques, sont reliés par la circulation de l'eau à l'échelle de la planète : les précipitations et la neige déterminent la productivité biologique, tandis que les variations de la couverture terrestre affectent le transfert de l'eau entre les terres et l'atmosphère ; le débit des rivières et des fleuves transporte les sédiments et les substances nutritives ; enfin la neige et les glaces ont une incidence sur le climat global. En fait, sous forme de nuages, l'eau augmente considérablement l'albédo de la Terre, détournant ainsi vers l'espace 20 % de l'énergie solaire. Une faible augmentation – de 3 à 4 % – de la couverture nuageuse globale, sur une période continue, pourrait refroidir le climat général autant qu'il serait réchauffé si la quantité de gaz carbonique dans l'atmosphère venait à doubler.

Afin de rendre fonctionnels de tels modèles, un système global pourrait être utilisé. Il servirait à collecter les observations pour décrire les changements, à fournir des bases de données aux études régionales, à produire les informations nécessaires au développement de modèles globaux, et enfin à assurer la continuité du programme d'observation qui, à son tour, pourrait être utilisé pour tester et vérifier les prévisions engendrées par les modèles.

## Décrire

Les changements à l'échelle planétaire ont une origine triple : les facteurs externes, telles les variations de l'orbite de la Terre, modifient la distribution de l'énergie solaire sur la planète. Les instabilités intrinsèques, comme la dérive des continents, les éruptions volcaniques et, enfin, le facteur humain (industrie, agriculture...), entraînent des modifications à long terme de la composition de l'atmosphère, de l'occupation des sols et de la chimie des océans.

Aussi la planète évolue-t-elle sur plusieurs échelles de temps. Afin de différencier les évolutions naturelles de celles où notre activité est impliquée, il faut surveiller les « symptômes », de la même façon qu'un médecin surveillerait le pouls et la tension artérielle pour diagnostiquer un malaise chez un patient.

Certains de ces symptômes ne peuvent faire l'objet d'une surveillance que sur plusieurs décennies. Tel est le cas des températures, non seulement en surface mais aussi dans la basse atmosphère et dans la stratosphère. Cette surveillance s'applique également à la couverture nuageuse globale et à sa variabilité qui doivent être cernées avec précision afin de distinguer des évolutions de l'ordre de 1 à 2 %. La surface de la couverture neigeuse, l'épaisseur des glaces et l'étendue des banquises sont des indicateurs très sensibles du changement climatique. La variation du niveau des mers, de l'ordre de quelques centimètres pendant au moins dix ou quinze ans, permettrait de quantifier l'impact des activités humaines sur la planète. La surveillance systématique, sur terre et en mer, du volume et de la distribution des précipitations est d'autant plus importante que nos connaissances dans ce domaine sont encore assez pauvres. Il convient également d'observer plus que jamais la concentration de la couche d'ozone à la fois dans la troposphère et dans la stratosphère, son évolution au-dessus de l'Antarctique étant en effet jusqu'à présent le seul indicateur fiable de l'impact des activités humaines sur l'atmosphère.

Enfin, il convient d'étudier les variations des sols sur une échelle globale. Ce sont actuellement les facteurs variables les moins connus. L'évolution de leur contenu chimique et biologique, leur capacité de rétention de l'eau seront des éléments clés pour prévoir l'avenir de la productivité des terres.

L'observation par avions ou par satellites est fort différente de l'observation à partir du sol. L'intervention des hommes dans la répartition de la végétation est alors visible, et les océans montrent clairement les contrastes de couleur et de luminosité. Tous les types de surveillance sont nécessaires à l'observation globale. Que l'échelle d'observation soit locale ou globale, le problème principal reste celui de la compréhension des changements et de notre capacité à interpréter les informations en termes de processus affectant les cycles observés.

## Comprendre

Les photos des nuages prises par satellites montrent qu'ils sont souvent organisés en spirale, selon un régime cyclonique : il est possible d'en déduire l'itinéraire des flux atmosphériques. Parfois une simple image de la répartition de la banquise peut révéler la direction des courants marins. Les évolutions globales de la végétation reflètent très précisément les variations des précipitations et du climat.

Un autre paramètre important est le flux de chaleur latente, c'est-à-dire l'énergie libérée dans l'atmosphère lorsque la vapeur d'eau s'y condense sous forme de nuages ou de brouillard. En se condensant, elle relâche la chaleur (560 calories/$cm^3$) qui fut nécessaire à son passage de l'état liquide à l'état de vapeur. Il faut savoir que l'atmosphère contient plus d'énergie ainsi relâchée qu'elle n'en reçoit directement du Soleil. La connaissance du flux de chaleur latente dans l'atmosphère serait nécessaire à la plupart des modèles. Or un tel flux d'énergie est invisible ; mais il est déterminé par une combinaison de paramètres observables tels que l'énergie reçue et l'énergie reflétée par la surface terrestre, la température, l'humidité et la couverture nuageuse.

La quantité de gaz carbonique soustraite de l'atmosphère par les océans est un autre flux invisible que l'on peut connaître par différentes mesures recueillies simultanément au-dessus des océans : leur température, leur concentration en gaz carbonique, leur « couleur » (qui permet de déduire la quantité de chlorophylle qu'ils contiennent), la hauteur des vagues (qui permet de déduire leurs échanges avec l'atmosphère).

Les chiffres connus ne sont guère fiables en ce qui concerne l'émission des gaz à effet de serre à partir de la combustion des feux de brousse et de forêts ; des chiffres plus justes ne pourront être avancés qu'à partir de la synthèse de nombreuses mesures obtenues depuis l'espace et au sol : celles de la fréquence et de l'intensité des feux, du type de végétation brûlée, de la concentration de gaz à effet de serre dans la région.

## Étudier sur le terrain

Les paramètres importants pour établir des modèles ne peuvent donc être obtenus qu'à partir d'un grand nombre de mesures effectuées depuis l'espace et le sol. Or cela demande un immense effort d'organisation. La variété des mesures recueillies, soit par satellites soit en surface, permettra également de réaliser des expériences *in situ* sur des zones d'études de dix à cent kilomètres de côté dans divers écosystèmes. Citons, à titre d'exemple, l'expérience Hapex (*Hydrological Atmospheric Pilot Experiment)* réalisée en 1989 par une équipe française de Toulouse dirigée par Alain Goutourbe et Jean-Claude André. Il s'agissait d'étudier le processus d'évaporation et d'équilibre en énergie et en eau, dans le sud-ouest de la France, en vue de développer des paramètres régionaux concernant les différents flux, et de répondre aux questions concernant le rôle de la végétation et de la topographie* dans la distribution de l'eau entre la terre, la végétation et l'atmosphère. Cette expérience voulait également préciser la manière dont les satellites peuvent être utilisés pour déterminer les mêmes paramètres avec une observation au sol minimale.

Des expériences similaires ont été réalisées dans différents endroits, caractérisés par des écosystèmes différents : au Kansas (États-Unis), à Kursk (Russie) et plus récemment en Espagne. D'autres études sont prévues et devraient bientôt débuter au Niger, au Canada et au Brésil. Ce programme d'étude de dix ans, mené par des groupes internationaux de scientifiques dans des contrées réparties sur l'ensemble de la planète, permettra de développer une méthodologie pour déterminer des données globales concernant des quantités encore peu connues : le flux de chaleur latente, le coefficient dit de « Eddy » qui décrit les flux de diffusion, les échanges hydrologiques et même les fonctions de l'échange du carbone.

Ces expériences non seulement servent à décrire la manière dont certains processus se produisent (transfert de l'eau et de l'énergie des sols à travers la végétation dans l'atmosphère), mais aussi nous renseignent sur la façon de modéliser ces processus. De plus, elles indiquent comment mesurer globalement par satellites certains paramètres critiques sur terre. Des expériences similaires sont effectuées au-dessus des océans ; les informations collectées ont été utilisées pour étudier les processus d'échange énergétique entre l'océan et l'atmosphère et pour construire des bases de données concernant, par exemple, la température des mers en surface, la hauteur des vagues, la vitesse et la direction des vents en surface, la topographie des océans et la quantité de chlorophylle contenue dans les micro-organismes (phytoplancton) à leur surface.

Une prochaine étape pourrait être l'installation d'un système d'observation terrestre qui documenterait les scientifiques de façon précise, à partir de la mesure de variables clés, sur les changements globaux. Grâce aux données ainsi fournies pour l'étude des processus fondamentaux qui régulent notre système terrestre, ce système d'observation nous permettra d'améliorer nos prévisions sur l'évolution de la planète et de mesurer les tendances à long terme des facteurs extérieurs influant sur le changement global.

En fait, il faudrait disposer de données établies sur plusieurs décennies pour chacun des paramètres de la figure de la page 83. Il serait alors possible de comprendre les causes et les effets du changement et de distinguer les événements naturels de ceux que provoque l'homme.

Les satellites existent depuis maintenant trente-cinq ans. A l'origine, il n'était nullement prévu de les utiliser pour étudier le changement global de la Terre à long terme. Cependant, depuis vingt ans, on commence grâce à eux à obtenir une vision cohérente de l'action des paramètres clés sur le changement global et sur ses rythmes. Les États-Unis et l'Europe ont construit toute une gamme de satellites d'observation météorologique de la surface de la Terre et des océans. Mais il faut se rappeler que les variations du climat, des températures, et des écosystèmes terrestres, ainsi que la variabilité des océans d'une année sur l'autre sont très importantes comparées au signal du changement global que l'on recherche.

Par exemple, la couverture nuageuse évolue de jour en jour et de saison en saison de 0 à 100 % pour une région déterminée. Lorsqu'on établit une moyenne sur l'échelle continentale et saisonnière, la variabilité est moins forte mais toujours importante, de l'ordre de 20 à 30 %. Même lorsqu'on arrive à faire une moyenne globale pour l'année, la variabilité d'une année sur l'autre peut aller de 4 à 6 %. Ces variations naturelles du climat sont immenses par rapport au signal de changement de nébulosité global recherché du fait de la croissance du gaz carbonique : elle serait, elle, de l'ordre de 1 à 2 % sur une période de dix ou vingt ans.

Le seul moyen de procéder est de faire recueillir, sur de longues périodes, des mesures plus précises et comparables entre elles. On se trouve dans une situation où un signal faible est émis dans un bruit de fond important. Pour que ce signal puisse être identifié, il faut d'abord réduire le bruit de fond, ce qui augmente l'intensité relative du signal. Mais pour que cette information soit utile, on doit améliorer la précision des mesures, et disposer de délais suffisamment longs pour que le signal devienne important.

Un autre exemple est celui de la température en surface qui est, avec les précipitations et la lumière, l'un des paramètres les plus importants pour la vie humaine et la productivité agricole. Le problème est analogue à celui des nuages décrit plus haut. Les changements sont importants, de l'ordre de 30 à 40 °C d'une saison à l'autre, et d'une région à l'autre. Lorsque les mesures globales sont rassemblées sur quatre saisons, la moyenne (théoriquement de 14,6 °C) varie aussi d'une année à l'autre de 0,2 ou 0,3 °C. Cependant, en étudiant ce qui s'est vraiment produit sur la planète au long des dernières décennies, on obtient des réponses contradictoires. Premièrement, le réseau de mesures des températures en surface, installé dans les stations météorologiques, qui est supposé être global, est loin de l'être. La densité de ce réseau est importante dans les pays développés et très faible dans les pays en voie de développement comme l'Afrique, avec en outre de grandes surfaces non encore couvertes, comme celles des océans. Comment est-il possible d'établir des moyennes à l'échelle du globe à partir d'un réseau réparti de façon irrégulière ? Comment les établir sur plusieurs dizaines d'années alors que ce réseau évolue forcément avec le temps ? Malgré le débat qui remet en question la validité de ces données et des méthodes appliquées, plusieurs équipes de scientifiques de divers pays ont essayé de déterminer, sur cent ans, l'histoire de la température de la surface terrestre à l'échelle globale. On pouvait penser qu'après vingt ans de balayage continu par satellites ces mesures nous auraient permis de commencer à établir une base de données fiable et à compléter les mesures au sol. Mais alors que les satellites calculent des moyennes sur la totalité de la troposphère, les réseaux en surface se contentent de mesurer les températures à deux mètres du sol. Aussi, le débat sur la question de savoir si les années 80 étaient la décennie la plus chaude de ce siècle n'est pas près de s'achever. De plus, il est clair, par exemple, que l'éruption du Pinatubo en 1992 a provoqué un refroidissement de la terre de 0,2 °C en moyenne, sans que cet événement remette en question la tendance générale d'évolution des températures depuis vingt ou trente ans. Comment arriver à déceler les tendances lentes sur le long terme, en dépit de cette variabilité énorme des paramètres en jeu ?

Ce qui arrive sur Terre se déroule sous les « yeux » de la multitude de satellites mis en orbite autour de la planète par une douzaine de nations. Le plus difficile

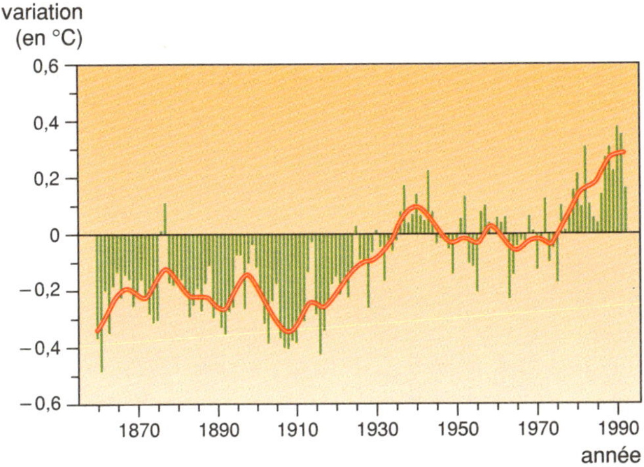


Source : U.K. Meteorological Office, 1993.

**Les variations de température.** *Elles sont reportées ici sur les cent trente dernières années et concernent la surface totale de la Terre, comprenant la terre ferme et les océans. La ligne « 0 » représente la moyenne pour la période 1910-1992. Remarquez la chute de température de 0,2 °C en 1992, comparée aux hautes températures de 1990 et 1991.*

n'est plus d'avoir des données, mais d'arriver à les traiter afin d'établir les tendances du changement. Quel est, sur l'ensemble du globe, le taux réel de la désertification, de la déforestation, de l'érosion des sols ? Pendant les dernières décennies, la Terre s'est-elle réchauffée ou refroidie dans son ensemble ? La couverture neigeuse de l'Himālaya est-elle en augmentation ou en diminution ? Y a-t-il une relation de cause à effet entre ce dernier phénomène et l'intensité des moussons d'été ?

Nous pourrons peut-être un jour répondre à ces questions. Pour cela, nous devons rendre utilisables par tous les chercheurs les données validées recueillies par les satellites, de la même façon qu'ont été rendues accessibles les données recueillies il y a vingt ans par les stations météorologiques et agricoles ou bien celles fournies par les cartes géologiques. Il faudra également renforcer la recherche fondamentale dans le domaine des sciences de la Terre pour utiliser intelligemment la multitude de renseignements fragmentaires rassemblés sur l'état de la planète. Il serait également nécessaire d'adapter le système éducatif afin de produire une nouvelle génération de scientifiques et d'ingénieurs spécialisés dans l'étude du système Terre, « matière grise » sans laquelle aucun progrès ne saurait être réalisé.

Tout cela prendra du temps, mais le changement global évolue lentement lui aussi. L'effet de serre ne se manifestera sûrement pas avant plusieurs dizaines d'années ; en commençant cette étude dès aujourd'hui, nous nous préparons à être capables d'agir efficacement si un jour l'équilibre de la Terre venait à changer.

# Adaptation et gestion de la planète

S'il est vrai que le système Terre s'oriente vers un nouvel équilibre, la difficulté est d'être capable de réagir avant de savoir précisément ce que sera ce nouvel état et le moment où il adviendra. Passons en revue ce que nous savons et ne savons pas, à l'heure actuelle, sur les risques potentiels globaux que l'homme fait courir à la Terre par l'expansion incessante de ses activités.

## Les faits

Un certain nombre de gaz (gaz carbonique, méthane, ozone, CFC) augmentent l'effet de serre atmosphérique qui transforme le rayonnement solaire en chaleur et détermine la température moyenne de la biosphère. Les analyses des carottages glaciaires nous apprennent que, sur les cent soixante mille dernières années, la température moyenne de la biosphère et la concentration de gaz carbonique et de méthane ont varié considérablement et d'une manière quasi parallèle. L'incertitude concernant les moments où ces variations se sont produites étant de quelques milliers d'années, il est difficile de savoir, à partir des décalages observés, laquelle de ces deux variations a précédé l'autre. Actuellement, la concentration de ces gaz augmente régulièrement et suit précisément les mesures de l'explosion démographique et industrielle.

Cette augmentation modifiera à terme l'équilibre énergétique de la planète. Pour l'instant, la température moyenne de la Terre a augmenté d'environ 0,5 °C depuis 1880, date à laquelle des mesures fiables ont été possibles ; cet accroissement correspond à celui que l'augmentation du taux de gaz carbonique et de méthane permet de prévoir, mais le rapport de cause à effet entre ces deux événements n'est pas encore prouvé.

## Les interrogations

L'accroissement récent de la température n'a été ni continu dans le temps ni uniforme sur la Terre, de sorte que l'effet de serre n'est peut-être pas le seul facteur explicatif. L'activité humaine produit environ sept ou huit gigatonnes (milliards de tonnes) de carbone par an, dont quatre seulement se retrouvent dans l'atmosphère sous forme de gaz carbonique. Le cycle naturel du carbone est donc encore mal connu ; *a fortiori* le sort du carbone produit par les activités industrielles. L'évolution du climat dépend de la répartition des nuages : on pense que les nuages de basse altitude refroidissent l'atmosphère, ceux de haute altitude augmentent l'effet de serre. Or on ne sait pas aujourd'hui prévoir la répartition des nuages en altitude. L'influence des océans sur le climat durant des périodes allant de dix à cent ans n'est pas connue. L'évaluation précise des origines et des modalités d'absorption du méthane atmosphérique n'est toujours pas possible.

On sait que les volcans jouent un rôle important dans l'évolution à court terme de l'atmosphère et du climat : l'éruption du Pinatubo, comparable à celle du Krakatoa en Indonésie au XIX^e^ siècle, risque, par son importance, de masquer pendant quelques années des tendances à long terme. Aussi, devant l'importance des éléments factuels et le nombre d'interrogations restantes, la communauté scientifique ne peut que confirmer le fait que l'activité industrielle a une incidence sur le climat, mais elle ne peut chiffrer avec précision cette évolution : elle préconise donc un effort accru d'observation et de modélisation pour diminuer les incertitudes existantes.

Les risques globaux qui pèsent sur l'environnement sont imprévisibles et distants dans le temps et dans l'espace. Des initiatives scientifiques efficaces ont porté sur deux des principaux effets de l'activité humaine sur l'environnement : il s'agit des pluies acides* et du trou de la couche d'ozone. Après plusieurs années d'observations assidues, les scientifiques ont clairement identifié les coupables : l'acide sulfurique ($H_2SO_4$) et l'ammoniaque ($HNO_3$) dans le cas des pluies acides, les CFC pour ce qui concerne l'ozone. Devant ce dernier problème, l'industrie a évolué, elle a accepté sa responsabilité et coopéré en développant des produits de substitution. En août 1993, cinq ans après la signature du protocole de limitation de l'émission des CFC (dit traité de Montréal), des rapports scientifiques font état d'un taux d'augmentation des CFC dans l'atmosphère de 2 % en 1993, alors qu'il était de l'ordre de 5 % par an dans les années 80. Dans les deux cas, la condition préalable à l'action menée par l'industrie et les gouvernements fut l'identification sans équivoque de l'origine du problème et la confirmation quantitative de l'effet des CFC sur l'environnement. Mais nous ne sommes aujourd'hui qu'à la première étape de notre recherche sur l'échauffement de l'atmosphère. Malgré l'augmentation clairement identifiée de la production des gaz à effet de serre, un débat important existe encore quant au lieu et au moment où des risques globaux peuvent survenir.

## Les incertitudes

Dans le cadre de l'IPCC *(Intergovernmental Panel on Climate Change)*, la communauté scientifique internationale impliquée dans l'étude du système Terre a évalué, en 1992, l'état actuel de la recherche dans ce domaine. Un effort tout particulier a été mené pour comparer différents modèles ainsi que leurs prédictions.

Les conclusions montrent que, si ces prévisions demeurent très incertaines, elles convergent cependant sur certains points. Voici, dans un ordre d'incertitude croissant, les principaux points à retenir. On va assister à un doublement de la quantité de gaz carbonique et de méthane d'ici cent ans. Cela entraînera très certainement une diminution de 10 à 20 °C de la température dans la stratosphère, cette baisse pouvant affecter à son tour de façon importante l'équilibre de l'ozone stratosphérique. La température à la surface de la Terre enregistrera alors une augmentation comprise entre 1,5 et 5 °C et cette hausse des températures pourra provoquer une augmentation des précipitations, mais il est impossible de savoir quelles régions de la Terre seront concernées. La température augmentant à cause de l'effet de serre, les calottes polaires diminueront, ce qui réduira la réflectivité de ces régions. En conséquence, l'énergie solaire sera absorbée dans de plus grandes proportions, ce qui augmentera encore le réchauffement dans les régions polaires. On estime que cette hausse des températures sera comprise entre 6 et 10 °C. Par conséquent, le niveau des mers augmentera de quelques centimètres à cause de la dilatation de l'eau due à l'augmentation de sa température et d'une hauteur inconnue en raison de la fonte des glaces. Le changement de la température et de la pluviométrie provoqueront une modification de la distribution de la végétation, mais de façon difficile à prévoir. En fait, les modèles sont encore trop peu élaborés pour que l'on puisse évaluer l'effet qu'aura le réchauffement de la planète sur la fréquence des tempêtes tropicales.

En l'absence de prévisions fiables sur les risques futurs, et dans la possibilité d'un changement global qui aurait des répercussions majeures sur le sort de l'humanité, plusieurs options ont été discutées lors d'une étude récente menée par l'Académie nationale des sciences des États-Unis : éliminer ou réduire les causes de l'augmentation des gaz à effet de serre dans l'atmosphère, extraire ces gaz de l'atmosphère soit par le reboisement soit en accroissant l'absorption océanique, encourager l'utilisation d'énergies alternatives et surtout aider la population à s'adapter à d'éventuels nouveaux climats.

Il est clair qu'il y a peu de chances de voir d'importants changements se produire brutalement dans un avenir proche, c'est-à-dire d'ici vingt ou trente ans. C'est pourquoi on estime qu'il est nécessaire de poursuivre les efforts intensifs faits par la recherche, tels qu'ils ont été présentés dans ce livre. Déjà aujourd'hui, bien que les scénarios prévoyant l'avenir comptent encore de nombreuses incertitudes, il est important que l'on intensifie les efforts en vue de stabiliser la population de la Terre, source principale de nos inquiétudes, de diminuer les émissions de gaz à effet de serre, surtout dans les domaines où de tels efforts ont un faible impact économique. Les études citées démontrent que, aux États-Unis, une diminution de la consommation pour le chauffage et la climatisation portant sur une différence de quelques degrés seulement pourrait déjà diminuer l'émission de gaz carbonique de 20 à 25 %, ce qui donne une diminution globale non négligeable. De même, un tiers environ de l'augmentation du gaz carbonique dans l'atmosphère est dû à la déforestation. La diminution de celle-ci à l'échelle globale est un but vers lequel nous devons tendre ; il sera également nécessaire de reboiser ces parties arides et non productives de la planète où sont réunies les conditions climatiques idéales pour la croissance végétale. Pour éliminer de l'atmosphère les 3,8 milliards de tonnes de carbone qui s'y accumulent chaque année en raison de la consommation de combustibles, il faudrait reboiser une superficie presque aussi grande que l'Europe. Mais la difficulté de la tâche ne doit pas nous empêcher de nous y atteler, ne serait-ce qu'en raison des bienfaits qu'apporte tout reboisement, tels l'amélioration de la qualité de l'eau, la conservation du sol, voire de meilleurs microclimats. Entre-temps, nous devons trouver un équilibre entre catastrophisme et immobilisme, comme l'ont souligné dans leurs récents débats Pierre Joliot, André Lebeau et Hubert Curien. Ne sachant pas exactement ce qu'il faut limiter, nous devons éviter de prendre des mesures qui pourraient entraîner d'énormes coûts et être inefficaces, et essayer d'améliorer nos connaissances du système Terre en agissant de façon que le coût de nos interventions ne risque pas de provoquer une nouvelle récession mondiale.

# Quel partenariat entre les hommes et la planète ?

*L'avenir, tu n'as point à le prévoir*
*mais à le permettre.*
ANTOINE DE SAINT-EXUPÉRY,
*Citadelle*

Si les scénarios sur le futur climat de la planète sont incertains, celui sur la croissance démographique est, lui, plutôt sinistre. Les arguments avancés par Thomas Robert Malthus en 1798 sont encore à peu près valides : étant donné que la population tend à augmenter de façon exponentielle alors que les produits consommables augmentent de façon arithmétique, il y aura toujours un problème de surpopulation.

En citant Malthus, Richard Anthes, qui poursuit des recherches sur l'atmosphère, a argumenté de façon éloquente pour un changement de « trajectoire globale ». Il calcule que, le taux de croissance de la population étant actuellement de 1,8 % par an, il ne faudra que six cents ans pour atteindre une densité de une personne par mètre carré sur toute la surface terrestre (sans compter l'Antarctique). Alors, que faire? D'après les suggestions récentes de Joël de Rosnay et de Michel Serres, il est impératif de « passer un contrat de partenariat entre les hommes et leur Terre ». Cela devrait impliquer en premier lieu la réduction de la croissance démographique en stabilisant la population mondiale à un maximum de sept milliards de personnes en 2020 et de huit milliards et demi en 2050.

Pour maintenir ce taux de croissance démographique, il faut changer nos habitudes afin d'améliorer la qualité de vie de chacun. Cela nécessite d'établir de nouvelles priorités nationales et globales : être plus pragmatique, conserver l'énergie, recycler les produits et mettre en place le slogan : « Pensons globalement, agissons localement. » Car il est vrai que, si nous réglons correctement les problèmes environnementaux locaux et régionaux, les prédictions catastrophistes n'ont plus de raison d'être. Dans ce domaine, le rôle et la responsabilité des scientifiques sont importants. Ils devront attirer l'attention du public sur les problèmes de l'environnement, en insistant sur ce que l'on sait vraiment, ce que l'on croit savoir et ce que l'on ne sait pas... ce que j'ai essayé de faire dans ce livre.

# A N N E X E S

## Glossaire

**Albédo** : fraction diffusée ou réfléchie par un corps de l'énergie de rayonnement incidente. L'albédo de la neige est de l'ordre de 0,7 et celui d'une forêt d'environ 0,1.

**Biomasse** : masse de matière vivante, animale ou végétale, occupant la surface du globe terrestre. Exprimée en général en $g/m^3$.

**Biosphère** : couche terrestre dans laquelle on trouve des organismes vivants, animaux et végétaux.

**Calotte polaire** : étendue de glace recouvrant les pôles.

**CFC** : chloro-fluoro-carbures, molécules utilisées dans les aérosols et les réfrigérants.

**Couche d'ozone** : région de l'atmosphère située entre 15 et 40 km d'altitude (stratosphère), dans laquelle la concentration d'ozone ($O_3$) passe par un maximum (à 25 km d'altitude).

**Dorsales océaniques** : les dorsales sont des alignements de hauteurs, longues de quelques dizaines de milliers de kilomètres, larges de quelques centaines de kilomètres, localisées souvent selon les médianes océaniques. Elles sont plus hautes de quelque deux kilomètres que la moyenne des fonds océaniques. Leur présence s'explique par le fait qu'elles sont situées au lieu où deux plaques tectoniques s'écartent l'une de l'autre.

**Écosystème** : unité écologique de base formée en un lieu particulier par les organismes, animaux et végétaux qui y vivent.

**Geysers** : sources d'eau chaude jaillissant à intervalles plus ou moins réguliers lorsqu'en profondeur la pression de la vapeur d'eau dépasse un certain seuil. En général, ces eaux sont chargées en silice, carbonates de sodium, chlorures et sulfates. Elles contiennent également du gaz carbonique et du sulfure d'hydrogène.

**Lidar** : *Light Detection and Ranging.* Instrument de détection analogue au radar. Il utilise des fréquences visibles au lieu des fréquences radio.

**Ozone troposphérique** : ozone se trouvant dans les basses couches de l'atmosphère (entre 0 et 12 km).

**Périodes glaciaires** : longues périodes de cent mille ans se répétant tous les cent vingt mille ans depuis au moins un million d'années, pendant lesquelles la Terre est froide et une grande partie de son hémisphère Nord est couverte par les glaces.

**Périodes interglaciaires** : courtes périodes de quinze mille à vingt-cinq mille ans séparant les périodes glaciaires, et pendant lesquelles la Terre est plus chaude.

**Permafrost ou pergélisol** : sol gelé en permanence.

**Photosynthèse** : production de glucides par les plantes à partir de l'eau et du gaz carbonique de l'air, qu'elles fixent grâce à la chlorophylle et à l'énergie de la lumière solaire.

**Pluies acides** : pluies présentant de fortes concentrations d'acides (acide sulfurique, acide nitrique, etc.).

**Rayons infrarouges** : ondes électromagnétiques dont la fréquence est inférieure à celle de la lumière rouge et supérieure à celle des ondes radio.

**Rayons ultraviolets** : ondes électromagnétiques dont la fréquence est supérieure à celle de la lumière visible et inférieure à celle des rayons X.

**Réactions photochimiques** : réactions chimiques fonctionnant grâce à l'énergie lumineuse située dans des longueurs d'onde comprises entre l'ultraviolet et l'infrarouge.

**Sources biotiques** : sources (d'éléments quelconques) dont l'origine est formée par les êtres vivants, y compris la végétation.

**Spectre lumineux** : partie du spectre électromagnétique située dans le domaine visible pour l'œil humain.

**Stratosphère** : couche de l'atmosphère comprise entre 15 et 50 km d'altitude.

**Topographie** : configuration du relief d'un lieu.

# Images satellites

Depuis une dizaine d'années,
les satellites d'observation de la Terre,
lancés par les Etats-Unis, la France
et l'Agence spatiale européenne,
nous fournissent des vues globales de notre planète
ainsi que les variations saisonnières
de certains paramètres importants
pour l'étude du système Terre.

Les illustrations que vous trouverez ci-dessous,
ci-contre et aux pages 114 et 115
nous donnent un exemple de la précision
des informations ainsi obtenues.

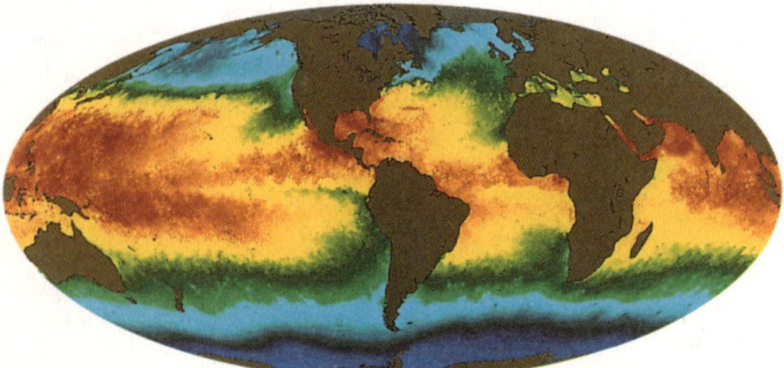

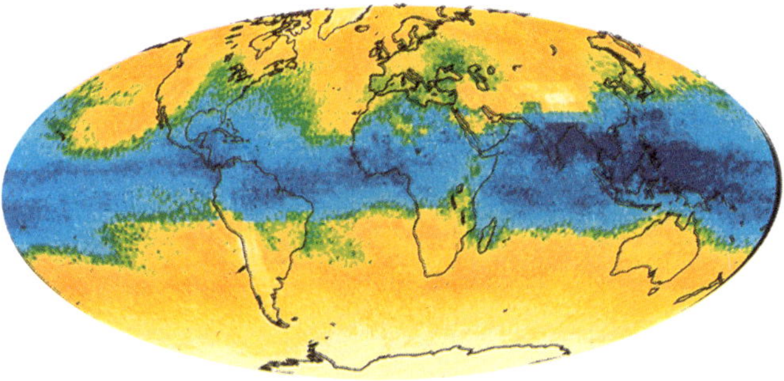

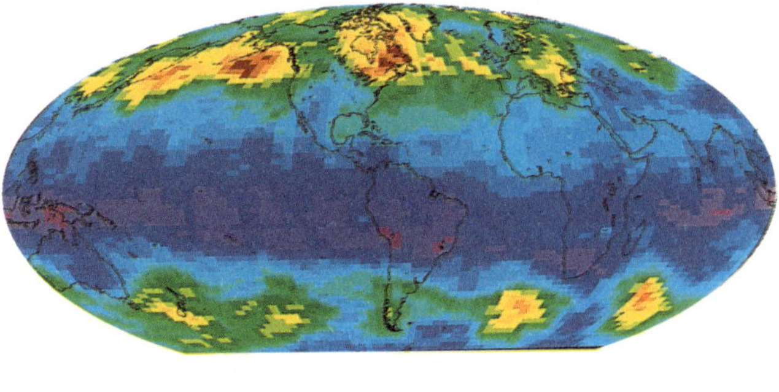

**p. 110**

*Températures de la surface des mers mesurées par le satellite NOAA en été à une précision de 1 °C, ces températures variant de 20 °C à l'équateur à 2 °C aux pôles.*



**p. 111, en haut**

*Quantité d'eau précipitable dans l'atmosphère en été mesurée par le satellite NOAA, variant de 0 mm à 60 mm.*



**p. 111, en bas**

*Mesure de la valeur de l'ozone total dans l'atmosphère observé en juin par Nimbus-7, montrant des concentrations très élevées dans les régions polaires, et minimes sur l'équateur.*

**p. 114, en haut**

*Variabilité, en centimètres, du niveau des mers sur une année, mesuré par le satellite GEOSAT.*
*Le rouge correspond à 24 cm et le violet à 4 cm.*
© NASA

**p. 114, en bas**

*Mesure de la chlorophylle à la surface des mers (le rouge étant le maximum et le bleu le minimum) et de l'indice de végétation sur la terre.*
© NASA

**p. 115**

*Mesure des vents au niveau des mers, obtenue par les mesures satellitaires (satellite européen ERS-1 et américain GEOSAT).*
*La moyenne sur l'année de la vitesse maximale est en rouge (supérieure à 10 m/s), celle de la vitesse minimale est en violet (inférieure à 3 m/s).*
© NASA

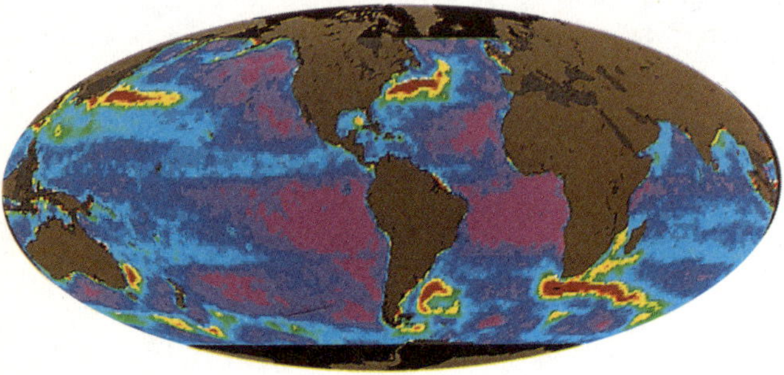

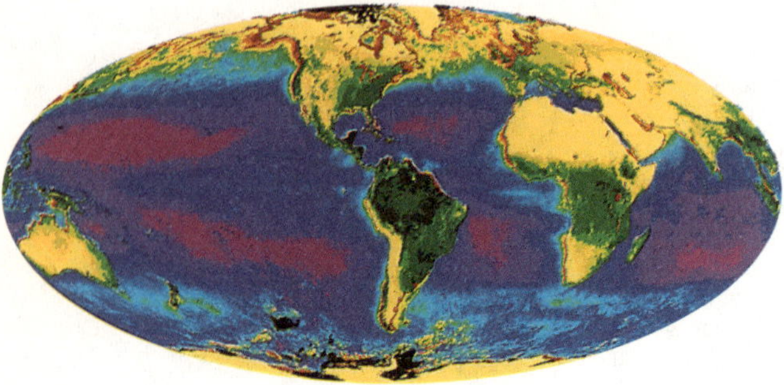

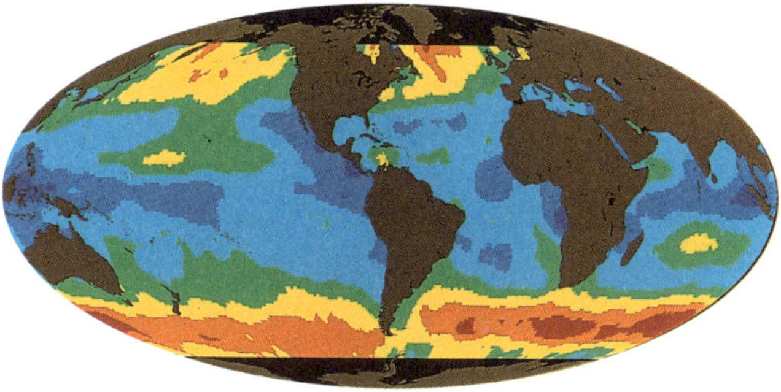

# Bibliographie

ALLÈGRE, C., *Économiser la planète*, Fayard, 1990.
BARRIÈRE, M., *Terre, patrimoine commun : la science au service de l'environnement et du développement*, La Découverte, avec la participation de l'association Descartes, 1992.
DUPLESSY, J.-C., MOREL, P., *Gros temps sur la planète*, Odile Jacob, coll. « Points-Seuil », 1992.
ENCRENAZ, T., BIBRING, J.-P., *Le Système solaire*, Inter-édition/CNRS, 1987.
LABEYRIE, J., *L'Homme et le Climat*, Le Seuil, coll. « Points-Science », 1993.
MÉGIE, G., *Ozone, l'équilibre rompu*, CNRS, 1989.
RASOOLL, S.I., SKROTZKY, N., *La Terre, une planète pas comme les autres*, Denoël, 1988.
SERRES, M., *Le Contrat naturel*, Flammarion, coll.« Champs », 1992.
SILVER, S.C., DEFRIES, S.R., *Une planète, un avenir : les transformations de notre environnement*, Sang de la Terre, 1992.
*Pollution, atmosphère et climat (ozone, effet de serre, déforestation)*, Colloque de Lassay, Larousse, coll. « Essentiels », 1989.

# Index


acide carbonique, 35
acide chlorhydrique, 52-53, 58
acide nitrique, 8, 58
acide sulfurique, 8, 47, 49, 61 à 64, 77, 99
acide sulfurique (nuage d'), 61
agriculture, 18, 87, 93
albédo, 77, 86
ammoniac, 23, 47, 49, 75, 77
ammoniaque, 99
argon, 24
atmosphère, *10*, 13, 15, 21 à 39, 45, 48, *55*, 67-68, 71-72, 82, 84 à 91, 98-99, 102, 105
atmosphère (basse), 67, 75, 87
atmosphère (haute), 28, 61
atmosphère (température de l'), 28
azote, 8, 21-22, 24, 32, 85
azote (cycle du protoxyde d'), *39*
base de données, 86, 91, 94
biologie de la Terre, 84
biomasse, 10, 38, 67, 71
biomasse (combustion de la), 75
biosphère, 7, 21, 34, 97
calcaire, 27, 36, 45
calottes glaciaires, 13, 17, 101
carbonates, 27
carbone, 26-27, 32 à 39, 45, 71, 73-74, 85, 98, 103
carbone (cycle du), 33 à 39, 44-45, 52, 67, 71, 91, 98
carbone (cycle du dioxyde de), *39*
carbone « manquant », 73-74
carbone organique, 36
cellulose, 34
CFC (chloro-fluoro-carbures), 9, 18, 53, 54, 60-61, 97, 99-100
chaleur (vague de), 17
chimie atmosphérique, 82
chlore, 52 à 54, 56 à 58
chlorure, 60

climat, 16 à 19, 33, 37, 41, 43-44, 46, 61, 81, 84-85, 88, 99, 105
climat (prévision du), 14
climat (variations du), 13, 35, 45, 63-64, 68 à 70, 84, 88, 92, 98
climat global, 51-52, 68, 86
coefficient de «Eddy», 91
combustibles fossiles, 6, 8-9, 18, 35-36
croissance démographique, 6 à 8, 18, 98, 102, 105-106
croûte terrestre, 36
cycles biogéochimiques, 84
cycles climatiques, 23
déforestation, *10*, 33, 68-69, 73-74, 95, 102
dépôt acide, 8
dérive des continents, 13-14, 35, 86
désertification, 68, 95
dinausores (disparition des), 70
dioxyde d'azote, 77
dioxyde de soufre, 49, 52, 61-62
diversité biologique, 67
dorsales océaniques, 15
eau, 7, 24, 27 à 30, *31*, 34, 47 à 50, 52, 61, 67-68, 84, 91, 103
eau (circulation de l'), 84-85
eau (cycle de l'), 67-68, 91
eau (densité de l'), 46
eau (distribution de l'), 90
écosystèmes, 77, 82, 90, 92
effet de serre, 7, 10, *22*, 23 à 31, 50-51, 77, 96 à 98, 101
El Chichon, 63, 51-52
El Niño, 16, 44, 83-84
énergie solaire, 16, 24-25, 34, 42, 48, 50-51, 84, 86, 89, 97, 101
environnement global, 7-8, 99, 106
évaporation, 15, 50, 84
évolution de la planète, 91-92
exploitations agricoles, 38
exploration spatiale, 26
fertilité du sol, 67, 69 à 71
feux de forêt ou de brousse, 9, 72, 76, 89
flux de chaleur latente, 89, 91
forêt, 6, 8, *10*, 68, 71-72, 76
gaz (densité des), 47
gaz à effet de serre, *10*, *31*, 37, 85, 89, 102
gaz carbonique, 6, 9, 18, 21 à 25, 27, 30, 32 à 38, 47, 52, 72 à 74, 86, 89, 93, 97-98, 100, 102
glace, 15, 17, 28, 58, 86 à 88
glaces (fonte des), 101
glucides, 34
Gulf Stream, 16, 43
Hapex (*Hydrological Atmospheric Pilot Experiment*), 90
humidité, 15-16, 37, 47-48, 85, 89
hydrocarbures, 22
hydrogène, 28-29, 32, 53
hydrosphère, 7
incendies de forêts, 35
industrie, 8, 87, 98-99
infrarouge (rayonnement), *22*, 25, 50

inondations, 17
interactions biologiques, physiques, chimiques, 81
interactions océans-atmosphère, 43, 45, 83, 91
interactions océans-terre, 83
interactions terre-océans-atmosphère, 72-73, 78
IPCC (*Intergovernmental Panel on Climate Change*), 100
Jupiter, 47, 49-50
Jupiter (atmosphère de), 49
Krakatoa, 99
Kuroshio, 43
lacs, 8, 48
lidars, 64
lumière solaire, 17, *22*, 50, 58 à 61, 75, 93
Mars, 26, 47
Mars (atmosphère de), 26
Mars (température de), 26
mesures de surface, 56-57, 93
métaux, 33
méthane, 10, 18, *22*, 23 à 25, 33, 37, 47, 49, 74, 97 à 100
méthane (cycle du), 38, *39*
modèles, 13, 78, 81 à 96, 99-100
modèles couplés, 82
monoxyde de carbone, 75
monoxyde de chlore, 53, 60
mont Agung, 63
mont Saint Helens, 51, *55*, *61*
mousson, 16
neige, 86-87
nitrate de chlore, 59
nitrates, 23
niveau des mers, 17
nuages, 16, *22*, 24, 41, 47 à 51, 64, 76, 86 à 89, 92, 98
nuages (formation des), 48-49
océans, 7, 13, 15, 21, 25, 30, 33, 35, 41 à 46, 48, 56, 67-68, 72 à 74, 76, 82-83, 85, 87 à 89, 91-92, 99
océans (biologie des), 82
océans (circulation des), 13, 16, 41 à 46
océans (niveau des), 101
océans (températures des), 91
océans (topographie des), *42*, 91
orbite de la Terre, 17, 86
oxydation, 35
oxyde d'azote, 9, 18, 23-24
oxyde de soufre, 8, *61*
oxydes de carbone, 22
oxygène, 21-22, 24, 28-29, 32 à 34, 53-54, 85
oxygène (cycle de l'), 31
ozone, 9, *22*, 24-25, 28-29, 37, 53, 57-58, 75 à 77, 97, 99
ozone (couche d'), 9, 56, 87
ozone (destruction de l'), 52 à 54, 56 à 61, 77, 99
périodes glaciaires, 13, 17-18, 24
périodes interglaciaires, 17-18
permafrost, ou pergélisol, 38
phosphore, 67
photosynthèse, 22, 32 à 34, 45
« piège froid », 28-29
Pinatubo, 51, 60-61, 63, 94, 99

plancton, 45
pluie, 15, 28, 41, 4452, 64, 67-68, 86 à 88, 93, 101
pluies acides, 77, 99
pourrissement, 32, 38
poussière, 16, 24-25, 47-48, 55, 63-64, 85
poussières volcaniques, 64
prévisions, 78, 91, 100
programme d'observation, 86, 88, 90-91
protéines, 34
protoxyde d'azote, 37, 67, 74-75
réaction photochimique, 9
reboisement, 102-103
recyclage, 106
réflectivité, 77
régions polaires, 18
réseaux d'observation, 13, 78, 93-94
respiration, 32 à 35, 45
respiration aérobie, 32
rivières, 8, 48, 67, 86
rizières, 38
satellites (observations par), 43, 51, 56-57, *61*, 64, 78, 88, 90 à 92, 94, 96
Saturne, 47, 49-50
Saturne (atmosphère de), 49
sécheresse, 17
sédimentation, 35
Soleil, 15, 30, 50, 84
sols, *10*, 76, 91, 103
sols (érosion des), 95
sols (occupation des), 72, 85-86
sondes spatiales, 49
soufre, 18, 62, 64, 67, 75-76, 85
soufre (composés du), 21, 75-76
spectre lumineux, 34
stratosphère, 28, 52-53, 54, 60 à 64, 77, 87, 101
sulfates, 18, 60, 63, 76
sulfure d'hydrogène, 52
surface terrestre, 8, 18, 21, *22*, 29, 31, 33, 48
systèmes biogéochimiques, 81, 85
systèmes climatiques, 14
systèmes couplés, 13, 83-84
tectonique des plaques, 14
température, 33, 37, 43, 47-48, 61, 67, 87, 89, 97
température (augmentation de la), 50
température moyenne, *22*, 24 à 27, 37, 47, 98
températures (variations des), *62*, 62, 92 à 94, 98, 100
topographie, 90
toundra, 38
traité de Montréal, 100
tremblements de terre, 14-15
troposphère, 87, 94
ultraviolet (rayonnement), 9, 28-29, 53, 56
vaisseaux spatiaux, 29
vapeur d'eau, 23 à 25, 28, *31*, 32, 37, 48, 52, 61, 89
végétation, 13-14, 16, 24, 34-35, 48, 67, 76, 84, 86, 88, 91, 103

végétation (variations de la), 70 à 72, 84, 90, 101
vent, 16
Vénus, 26, 29, *31*, 47, 49-50
Vénus (atmosphère de), 26-27, 29, 49
Vénus (nuages sur), 49
Vénus (température de), 26, 29
vie, 9, 21, 24, 26, 31-32, 93
volcans, 14-15, 21, 30, 36, 47, 51 à 65, 77, 84, 86, 99

# Dans la même collection

Sciences

n° 6 – *Vivre avec les insectes* de Pierre Ferron
n° 10 – *La Relativité* de Nayla Farouki
n° 13 – Sous l'atome les particules d'Étienne Klein
n° 21 – *Le Système solaire* de Thérèse Encrenaz
n° 23 – *La Vie dans le Cosmos* de François Raulin
n° 24 – *La Forêt* d'Yves Birot et Jean-François Lacaze
n° 28 – *Le Climat de la Terre* de Robert Sadourny
n° 31 – *Le Cerveau* de Jacques-Michel Robert
n° 33 – *Les Océans* de Jean-François Minster
n° 34 – *La Pollution atmosphérique* de Gérard Mouvier
n° 37 – *Les Hommes et leurs gènes* d'Albert Jacquard
n° 43 – *La Physique et l'Infini* de Jean-Pierre Luminet et Marc Lachièze-Rey
n° 49 – *La Chimie nouvelle* de Pierre Laszlo
n° 51 – *L'Eau* de Ghislain de Marsily
n° 52 – *Le Temps* d'Étienne Klein
n° 54 – *L'Univers* d'Alain Blanchard
n° 58 – *Deux Hémisphères, Un Cerveau* de Jean-Louis Juan de Mendoza
n° 59 – *Le Vieillissement, faits et théories* de Ladislas Robert
n° 66 – *Les Drogues* de Denis Richard
n° 68 – *La Logique* de Gilles Dowek
n° 73 – *Le Chaos* d'Ivar Ekeland
n° 76 – *Érosion et Paysages naturels* de Jean Riser
n° 89 – *L'Espace-Temps* de Jean-Paul Auffray
n° 91 – *L'Énergie* de Jean-Louis Bobin
n° 97 – *La Pollution des mers* de Jean-Claude Lacaze
n° 99 – *La Physique quantique* d'Étienne Klein

n° 102 – *Le Génie génétique, de l'animal à l'homme ?* de Louis-Marie Houdebine
n° 103 – *La Radioactivité* de Jean-Marc Cavedon
n° 107 – *Végétation et Atmosphère* de Bernard Saugier
n° 110 – *Le Noyau de la Terre* de Jean-Paul Poirier
n° 111 – *L'Antimatière* de Gabriel Chardin
n° 114 – *Le Génome humain* de Charles Auffray
n° 118 – *La Biosphère* de Michel Lamy
n° 123 – *Bactéries, Virus et Champignons* de Laurence et Xavier Rolland
n° 125 – *L'Antarctique* de Claude Lorius et Roger Gendrin
n° 130 – *L'Infini en mathématiques* de Norbert Verdier
n° 134 – *L'Atome* de Jean-Paul Auffray
n° 141 – *La Psychologie est-elle une science ?* d'Alain Lieury
n° 149 – *Odeurs et Saveurs* d'Alain Gullino
n° 164 – *Le Système nerveux* de Jacques Poirier
n° 168 – *Les Quasars* de Daniel Kunth
n° 170 – *Les Galaxies* de Danielle Alloin
n° 171 – *La Maîtrise du vivant* de Patrice Debré
n° 175 – *Vie et Mort des étoiles* de Agnès Acker et Ariane Lançon
n° 176 – *Le Fœtus* et son image de Marie-France Sarramon et Hélène Grandjean
n° 178 – *Les Volcans* de Claude Jaupart

## Techniques

n° 1 – *L'Espace pour l'homme* de Pierre Léna
n° 4 – *L'Intelligence artificielle* de Jean-Gabriel Ganascia
n° 32 – *Les Réalités virtuelles* de Claude Cadoz
n° 45 – *Musiques, Médias et Technologies* de Michel Chion
n° 46 – *La Puce et l'Ordinateur* de Emmanuel Rosencher
n° 50 – *Le Multimédia* de Dominique Monet
n° 65 – *La Gestion des déchets* de Philippe Pichat
n° 82 – *Les Sciences cognitives* de Jean-Gabriel Ganascia
n° 132 – *Des Autoroutes de l'information au cyberespace* de Serge Fdida
n° 136 – *La Robotique* de Georges Giralt

n° 161 – *Les Rayons X : de l'astrophysique à la nanophysique* d'Yves Petroff
n° 177 – *Internet* de Luciano Floridi

## Société, éducation

n° 2 – *La Mémoire, du cerveau à l'école* d'Alain Lieury
n° 8 – *L'Explosion démographique* d'Albert Jacquard
n° 9 – *La Procréation médicalisée* de Jacques Testart
n° 11 – *École et Tiers Monde* de Sylvain Lourié
n° 15 – *La Bioéthique* de Jean Bernard
n° 16 – *Nourrir les hommes* de Louis Malassis
n° 17 – *Apprendre de 0 à 4 ans* de Pierre-Marie Baudonnière et Claudine Teyssèdre
n° 18 – *Les Prisons* de Jean Favard
n° 41 – *Les Sectes* de Bernard Fillaire
n° 60 – *L'Action humanitaire* de Rony Brauman
n° 66 – *Les Drogues* de Denis Richard
n° 69 – *Vivre après 60 ans* de Maximilienne Levet
n° 71 – *L'Auto et la Ville* de Gabriel Dupuy
n° 72 – *Citoyenneté et politiques sociales* d'Annick Madec et Numa Murard
n° 77 – *Le Paysage* de François Béguin
n° 78 – *La Ville et l'Urbanisme* de Jean-Paul Lacaze
n° 80 – *Travail salarié, Travail indépendant* de Michel Paysant et Fabrice Batty
n° 86 – *Le Divorce* de Colette Holstein
n° 87 – *Les Universités américaines* de Pierre Laszlo
n° 95 – *Les Indiens d'Amérique* de Philippe Jacquin
n° 98 – *L'Idéologie du New Age* de Michel Lacroix
n° 100 – *Architecture et Modernité* de Daniel Pinson
n° 101 – *La Télévision* de Jean Cluzel
n° 104 – *Les Troubles de la personnalité* de Vittorio Lingiardi
n° 116 – *Risque et Assurance* de Pierre-André Chiappori
n° 119 – *La Langue française* d'Ada Giusti
n° 121 – *Les Banlieues* de Hervé Vieillard-Baron
n° 124 – *L'Adolescente et son corps* de Lucien Chaby
n° 129 – *La Psychologie de la perception* de Manuel Jimenez

n° 135 – *Les Ressources de la mer* de Jean Chaussade
n° 137 – *La Maladie dépressive* de Henri Lôo
et Thierry Gallarda
n° 140 – *Orthographes, des systèmes aux usages*
de Jean-Pierre Jaffré et Michel Fayol
n° 145 – *Le Métissage* de François Laplantine et Alexis Nouss
n° 150 – *Le Mimétisme et l'Imitation* de Pierre-Marie Baudonnière
n° 151 – *Le Racisme* de Pierre-André Taguieff
n° 153 – *La Franc-Maçonnerie* de Pierre Simon
n° 156 – *L'Alcoolisme* d'Alain Cerclé
n° 160 – *L'Homme et le Singe, psychologie comparée*
de Jacques Vauclair
n° 162 – *La Psychanalyse* de Michel Autiquet
n° 166 – *Le Mal* de Michel Lacroix
n° 172 – *Vagabondage et Mendicité* de Julien Damon
n° 177 – *Internet* de Luciano Floridi
n° 179 – *Le Droit des Étrangers* de Vincent Tchen
n° 183 – *La Laïcité* de Henri Pena-Ruiz

Mais n'oubliez pas, Dominos c'est aussi
la médecine, le droit, la politique,
l'économie, les religions, l'art...

Photo de couverture : depuis Apollo 11,
vue de la Terre se levant au-dessus de l'horizon lunaire.


Achevé d'imprimer en Août 1998
sur les presses de
l'Imprimerie Hérissey à Évreux
N° d'éditeur : FC 517902
N° d'imprimeur : 81149
Dépôt légal : novembre 1993